高等职业教育“十四五”规划教材

池塘养鱼

第2版

熊良伟　主编

中国农业大学出版社
·北京·

内 容 简 介

本教材结合高等职业教育人才培养的要求和水产养殖生产实际，以生产工作流程和项目操作为主线，以健康养殖为立足点，主要介绍了养殖场规划设计，池塘养殖环境控制与尾水处理，水产养殖常用机械设备的安装和使用，家鱼人工繁殖，鲤鱼、鲫鱼、鲂鱼人工繁殖，鱼苗培育，鱼种培育，成鱼养殖等8个项目内容。每个项目由若干个具体工作任务组成，工作任务步骤清晰，并配有大量图片，效果直观，适用性强。

本书既可作为高等职业教育水产及相关专业的教材，也可供中职院校相关专业的师生、水产养殖工人上岗培训、水产技术推广站技术人员培训及广大水产养殖户参考。

图书在版编目(CIP)数据

池塘养鱼 / 熊良伟主编. --2版. --北京：中国农业大学出版社，2024. 8.

ISBN 978-7-5655-3233-7

Ⅰ. S964. 3

中国国家版本馆 CIP 数据核字第 2024693AX3 号

书　名　池塘养鱼　第2版

作　者　熊良伟　主编

策划编辑　康昊婷　　**责任编辑**　康昊婷

封面设计　郑　川　李尘工作室

出版发行　中国农业大学出版社

社　址　北京市海淀区圆明园西路2号　　**邮政编码**　100193

电　话　发行部 010-62733489,1190　　编辑部 010-62732617,2618

出版部 010-62733440　　读者服务部 010-62732336

网　址　http://www.caupress.cn　　**E-mail**　cbsszs@cau.edu.cn

经　销　新华书店

印　刷　运河(唐山)印务有限公司

版　次　2024年8月第2版　　2024年8月第1次印刷

规　格　185 mm×260 mm　　16开本　　11.25印张　　275千字

定　价　46.00元

编写人员

主　编　熊良伟（江苏农牧科技职业学院）

副主编　朱昊俊（中国水产科学研究院无锡淡水渔业研究中心）

刘爱民（江苏好润生物产业集团股份有限公司）

参　编　（按姓氏笔画排列）

王帅兵（江苏农牧科技职业学院）

孙智武（湖北生物科技职业学院）

朱云干（江苏农牧科技职业学院）

欧志杰（广东茂名农林科技职业学院）

袁　圣（江苏农牧科技职业学院）

唐肖锋（江苏农牧科技职业学院）

徐航海（南京禄辉物联科技有限公司）

前言 Preface

我国是渔业养殖大国，渔业是国民经济的重要组成部分。池塘养鱼是我国水产养殖最主要的生产方式，是保障水产品稳定有效供给的重要支撑，我国池塘养鱼呈现养殖品种多样化、设备智能化、技术集成化的特点。

党的二十大报告指出，深入实施人才强国战略。为了服务现代池塘养鱼创新驱动发展，为池塘养鱼转型升级提供高素质技术技能人才保障，我们根据职业教育规律和人才培养要求，对接我国池塘养鱼生产链、技术链和创新链，根据池塘养鱼实际生产过程，引入养殖新品种、新模式、新技术。全书共分养殖场规划设计，池塘养殖环境控制与尾水处理，水产养殖常用机械设备的安装和使用，家鱼人工繁殖，鲤鱼、鲫鱼、鲂鱼人工繁殖，鱼苗培育，鱼种培育，成鱼养殖和附录9个部分。前8个部分采用项目+任务的形式编写；每个项目包括学习知识目标、能力目标和素质目标，学习者可以明确每个项目的学习目标；每个项目内容附大量图片和适量的视频，学习内容直观呈现，大大降低学习难度；每个项目后附职业能力测试题、参考答案和思考与练习，学习者可以通过职业能力测试题评价学习效果，通过思考与练习进一步巩固学习效果。本书适用于职业院校渔业类专业和其他相关专业教学，也可作为新型渔民培训教材。

本书在编写过程中得到宁波第二激素厂、云乾（南京）生物科技研发有限公司、射阳康余水产技术有限公司的支持和帮助，在此一并表示感谢！

由于编者水平有限，书中难免有疏漏，敬请广大读者批评指正。

编　者

2024年2月

目录 Contents

项目一

养殖场规划设计

知识目标

1. 熟悉鱼类养殖场选址主要因素及其具体要求。
2. 熟悉鱼类养殖场功能区及其主要生产功能。
3. 熟知池塘类型及不同类型池塘主要技术参数。

能力目标

1. 能对鱼类养殖场选址进行合理评价。
2. 能对鱼类养殖场功能区进行合理布局，并能绘制平面图。
3. 能设计鱼类养殖场池塘。

素质目标

1. 增强遵守行业规范的意识，强化实事求是的工作态度。
2. 增强团结协作的团队精神。

鱼类养殖场是鱼类养殖的载体，资金投入大、专业性强。选址合规、设计合理、施工规范的养殖场是鱼类养殖成功的关键和保障。若前期没有做好合理设计及规划，一方面会导致鱼类养殖生产不能正常开展，造成资金损失；另一方面也会导致养殖生产管理难度大，养殖成本高，经济效益低。生产中，鱼类养殖场选址应选择在自然条件好、水源充足、水质清新、土质优良、交通便利的非基本农田和禁养区以外的区域，根据养殖场生产规划、结合资金投入，科学合理地设计各功能区和池塘等养殖设施并规范施工。

任务一　场址选择、测量

一、相关规定

水产养殖场场址选择必须遵守《中华人民共和国基本农田保护条例》和各级政府有关养殖

水域滩涂规划等相关文件规定，不与基本农田争地、不在禁养区养殖，并依法办理生产许可证。

二、自然条件

新建养殖场时要充分考虑当地的水文、水质、气候等因素，结合当地的自然条件决定养殖场的建设规模和建设标准，并选择适宜的养殖品种和养殖方式。

在规划设计养殖场时，要充分勘查了解规划建设区的地形、水利等条件，有条件的地区可以充分考虑利用地势自流进排水，以节约动力提水所增加的电力成本。规划建设养殖场时还应考虑洪涝、台风等自然灾害因素的影响，在设计养殖场进排水渠道、池塘塘埂、房屋等建筑物时应注意考虑排涝、防风等问题。

北方地区在规划建设水产养殖场时，需要考虑寒冷、冰雪等极端天气对养殖设施的破坏，在建设渠道、护坡、路基等时应考虑防寒措施。

南方地区在规划建设养殖场时，要考虑夏季高温气候对养殖设施的影响。

三、水源、水质条件

新建池塘时要充分考虑养殖用水的水源、水质条件。水源分为地面水源和地下水源，无论是采用哪种水源，一般应选择在水量充足、水质良好的地区建场。水产养殖场的规模和养殖品种要结合水源情况决定。采用河水或水库水作为养殖水源时，要考虑设置防止野生鱼类进入的设施以及周边水环境污染可能带来的影响。使用地下水作为养殖水源时，要考虑供水量是否满足养殖需求，一般要求在 10 d 左右能够把池塘注满。

选择养殖水源时，还应考虑工程施工等方面的问题，利用河流作为水源时需要考虑是否筑坝拦水，利用山溪水流作为水源时要考虑是否建造沉沙排淤等设施。水产养殖场的取水口应建在上游，排水口应建在下游，防止养殖场排放水流入进水口。

水质对于养殖生产影响很大，养殖用水的水质必须符合《渔业水质标准》(GB 11607—1989)和《无公害食品　淡水养殖用水水质》(NY 5051—2001)规定。对于部分指标或阶段性指标不符合规定的养殖水源，应考虑建设水源处理设施，并计算相应设施设备的建设和运行成本。

四、土壤、土质

在规划建设养殖场时，要充分调查了解当地的土壤、土质情况，不同的土壤和土质对养殖场的建设成本和养殖效果影响较大。

池塘土壤要求保水性和透气性俱佳，最好选择壤土场地建设池塘，这些土壤建塘不易透水渗漏，筑基后也不易坍塌。

沙质土或含腐殖质较多的土壤，保水力差，做池埂时容易渗漏、崩塌，不宜建塘。含铁质过多的赤褐色土壤，浸水后会不断释放出赤色浸出物，对鱼类生长不利，不适宜建设池塘。含沙量低的黏土透气性差，不利于底泥有机质分解，也不适宜建设池塘。不同类型土壤的特性见表1-1。pH 低于 5 或高于 9.5 的土质不适宜建塘。

表 1-1　不同类型土壤的特性

土壤类型	含沙量	保水性	透气性	池埂牢固性
壤土	适中	适中	适中	牢固
沙土	高	差	好	不牢固
黏土	低	好	差	牢固

五、电力、交通、通信

水产养殖场需要有良好的交通、电力、通信、供水等基础条件。新建养殖场最好选择在“三通一平”的地方建场，如果不具备以上基础条件，建场时应考虑这些基础条件的建设成本，避免因基础条件不足影响养殖场的发展。

六、其他

不在工业生产区、畜禽集中养殖区附近选址建场，降低养殖水体受污染的潜在风险。此外还要考虑当地生产资料供应、劳动者综合素质、水产品消费市场等因素。

七、测量

选好场址后就应对所选择的地址进行测量，为养殖场规划设计提供素材。测量内容包括养殖场边界的长度和场地形状；定位场地内固定不动的高压线杆、河流等；场地内大的土丘、池沟；场址外附近的河流、电线杆、村落、公路。这些都可以为养殖场科学规划提供依据。

任务二　池塘规划、设计

一、池塘类型

池塘是养殖场的主体部分。按照养殖功能不同可分为亲鱼池、鱼苗池、鱼种池和成鱼池等。池塘面积一般占养殖场面积的65%～75%。各类池塘所占的比例一般按照养殖模式、养殖特点、品种等来确定。

二、形状、朝向

池塘形状主要取决于地形、饲养品种等条件，以长方形为主，也有圆形、正方形、多角形的池塘。

长方形池塘的长宽比一般为(2～4)∶1。长宽比大的池塘水流状态较好，管理操作方便；长宽比小的池塘，池内水流状态较差，存在较大死角和死区，不利于养殖生产。

池塘的朝向应结合场地的地形、水文、风向等因素确定。我国平原地区池塘多数设计成东西走向，池面充分接受阳光照射，满足水中天然饵料的生长需要。池塘朝向还要考虑是否有利于风力搅动水面，增加溶解氧。在山区建造养殖场，应根据地形选择背山向阳的位置。

三、面积、深度

池塘的面积取决于养殖模式、饲养品种、池塘类型、结构等（表 1-2）。面积较大的池塘建设成本低，但不利于生产操作，进排水也不方便。面积较小的池塘建设成本高，便于操作，但水面小，风力增氧、水层交换一般较差。大宗鱼类养殖池塘按养殖功能不同，其面积也不同。在南方地区，成鱼池一般在 3 000m^2以上，沿海滩涂成鱼池面积甚至超过 70 000 m^2，鱼种池一般在 1 300～3 000 m^2，鱼苗池一般在 600～1 300 m^2；亲鱼池一般在 2 000～4 000 m^2。另外，养殖品种不同，池塘的面积也不同，淡水虾蟹养殖池塘的面积一般在 6 000～20 000 m^2，太小的池塘不符合虾、蟹的生活习性，也不利于水质管理。特色品种的池塘面积一般应根据品种的生活特性和生产操作需要来确定。

表 1-2　不同类型池塘规格参考表

类型	面积/m^2	水深/m	长∶宽	备注
鱼苗池	600～1 300	0.5～1.5	2∶1	可兼作鱼种池
鱼种池	1 300～3 000	1.0～2.0	(2～3)∶1	
成鱼池	>3 000	1.5～2.5	(3～4)∶1	
亲鱼池	2 000～4 000	2.5～3.5	(2～3)∶1	应接近繁殖区
越冬池	1 300～6 600	3.0～4.0	(2～4)∶1	应靠近水源

常识链接1-1　渔业常用面积单位及换算关系

①1 hm^2（公顷）= 10 000 m^2（平方米）

②1 亩≈667 m^2

③1 hm^2 = 15 亩

常识链接1-2　渔业常用长度单位及换算关系

①1 km（千米）= 1 000 m（米）

②1 m = 10 dm（分米）= 100 cm（厘米）= 1 000 mm（毫米）

③1 丈 = 10 尺 = 100 寸

④1 丈≈3.3 m

⑤1 寸≈3.3 cm

常识链接1-3　渔业常用重量单位及换算关系

①1 kg(千克)=1 000 g(克)=1 公斤

②1 公斤=2 斤

③1 斤=10 两

④1 两=50 g(克)

池塘水深是指池底至水面的垂直距离，池深是指池底至池堤顶的垂直距离。养鱼池塘有效水深应不低于 0.5 m，一般鱼苗池深度在 1.0～2.0 m，鱼种池深度在 1.5～2.0 m，成鱼池深度在 1.5～2.5 m，亲鱼池深度在 2.5～3.5 m。越冬池水深一般应达到 2.0 m 以上，北方越冬池塘的水深应达到 2.5 m 以上。池埂顶面一般要高出池中水面 0.5 m 左右。

水源季节性变化较大的地区，在设计建造池塘时应适当考虑加深池塘，保证缺水时池塘有足够水量。

深水池塘一般是指水深超过 3.0 m 以上的池塘，深水池塘可以有效增大养殖空间、提高单位面积的产量，节约土地，但需要解决水层交换、增氧等问题。

四、池埂

池埂是池塘的轮廓基础，池埂结构对维持池塘形状、方便生产以及提高养殖效果等有较大影响。

池塘塘埂一般用匀质土筑成，埂顶的宽度应满足拉网、交通等需要，一般宽 1.5～4.5 m。

池埂的坡度大小取决于池塘土质、池深、护坡与否和养殖方式等。一般池塘的坡比为 1∶(1.5～3)，若池塘的土质是壤土或黏土，可根据土质状况及护坡工艺适当调整坡比，池塘较浅时坡比可以为 1∶(1～1.5)。图 1-1 为池埂坡比示意图。

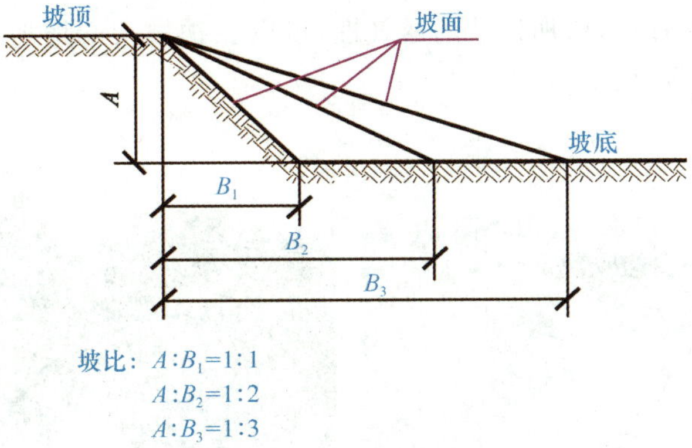

图 1-1　池埂坡比示意图

五、护坡

护坡具有保护池塘结构和塘埂的作用，但也会影响池塘的自净能力。应根据池塘条件的不同，对池塘进排水等易受水流冲击的部位采取护坡措施。常用的护坡材料有水泥预制板、混凝土、防渗膜等。采用水泥预制板、混凝土护坡的厚度应不低于 5 cm，防渗膜或石砌坝应铺设到池底。

（1）水泥预制板护坡　水泥预制板护坡是一种常见的池塘护坡方式。护坡水泥预制板的厚度一般为 5～15 cm，长度根据护坡断面的长度决定。较薄的预制板一般为实心结构，5 cm 以上的预制板一般采用楼板方式制作。水泥预制板护坡需要在池底下部 30 cm 左右建一条混凝土圈梁，以固定水泥预制板，顶部用混凝土砌一条宽 40 cm 左右的护坡压顶（图 1-2）。

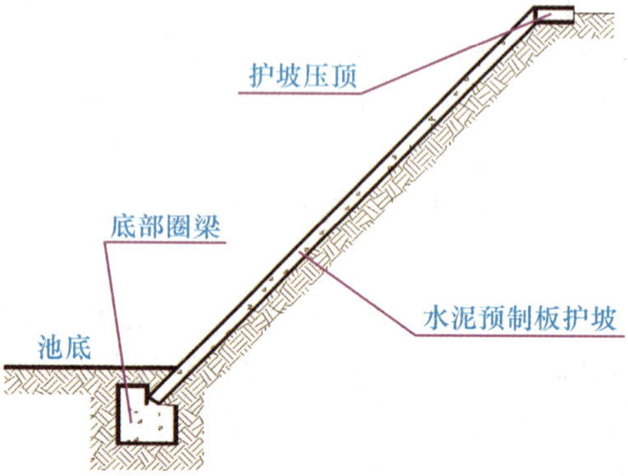

图 1-2　水泥预制板护坡示意图

水泥预制板护坡的优点是施工简单，整齐美观，经久耐用。缺点是破坏了池塘的自净能力。一些地方采取水泥预制板植入式护坡，即水泥预制板护坡建好后把池塘底部的土翻盖在水泥预制板上部，这种护坡方式即有利于池塘固形，又有利于维持池塘的自净能力。

（2）混凝土护坡　混凝土护坡（图 1-3）是用混凝土现浇护坡的方式，具有施工质量高、防裂性能好的特点。采用混凝土护坡时，需要对塘埂坡面基础进行整平、夯实处理。混凝土现浇护坡一般用素混凝土，也有用钢筋混凝土的。混凝土护坡的坡面厚度一般为 5～8 cm。无论用哪种混凝土方式护坡都需要在一定距离设置伸缩缝，以防止水泥膨胀。生产中，为了减少混凝土有害物质对养殖的影响，增加护坡的透气性，可以在护坡上端增加小石块数量，增大护坡间隙，或种植草，牢固、美观、耐用。

图 1-3　生态水泥护坡（左：刚建成；右：使用中）

（3）地膜护坡　一般采用高密度聚乙烯（HDPE）塑胶地膜或复合土工膜护坡。HDPE 膜具有抗拉伸、抗冲击、抗撕裂、强度高和耐静水压高的特点，在耐酸碱腐蚀、抗微生物侵蚀及防渗滤方面也有较好性能，且表面光滑，有利于消毒、清淤和防止底部病原体的传播。HDPE 膜护坡既可覆盖整个池底，也可以周边护坡。图 1-4 为塑胶膜护坡示意图。

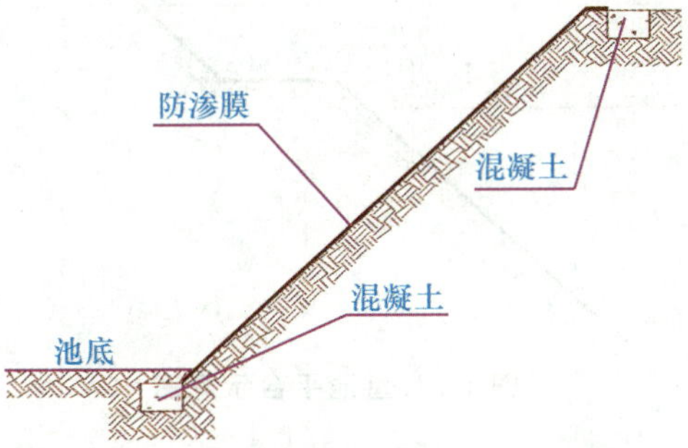

图 1-4 塑胶膜护坡示意图(左)和塑料膜护坡(右)

使用复合土工膜进行护坡具有施工简单，质量可靠，节省投资的优点。复合土工膜属非孔隙介质，不仅具有良好的防渗性能和抗拉、抗撕裂、抗顶破、抗穿刺等力学性能，还具有一定的变形量，对坡面的凹凸具有一定的适应能力，应变力较强，与土体接触面上的孔隙压力及浮托力易于消散，能满足护坡结构的力学设计要求。复合土工膜还具有很好的耐化学性和抗老化性能，可满足护坡耐久性的要求。

(4)砖石护坡　浆砌片石护坡具有护坡坚固、耐用的优点，但施工复杂，砌筑用的片石石质要求坚硬。片石用作镶面石和角隅石时还需要加工处理。

浆砌片石护坡一般用坐浆法砌筑，要求放线准确，砌筑曲面做到曲面圆滑，不能砌成折线面相连。片石间要用水泥勾缝成凹缝状，勾出的缝面要平整光滑、密实，施工中要保证缝条的宽度一致，严格控制勾缝时间，不得在低温条件下进行。勾缝后要加强养护，防止局部脱落。

六、池底

池塘底部要平坦，为了方便池塘排水、水体交换和捕鱼，池底应有相应的坡度，并开挖相应的排水沟和集池坑。池塘底部的坡度一般为 1∶(200～500)。在池塘宽度方向，应使两侧向池中心倾斜。

面积较大且长宽比较小的池塘，底部应建设主沟和支沟组成的排水沟(图 1-5)。主沟最小纵向坡度为 1∶1 000，支沟最小纵向坡度为 1∶200。相邻的支沟相距 10～50 m，主沟一般宽 0.5～1.0 m，深 0.3～0.8 m。

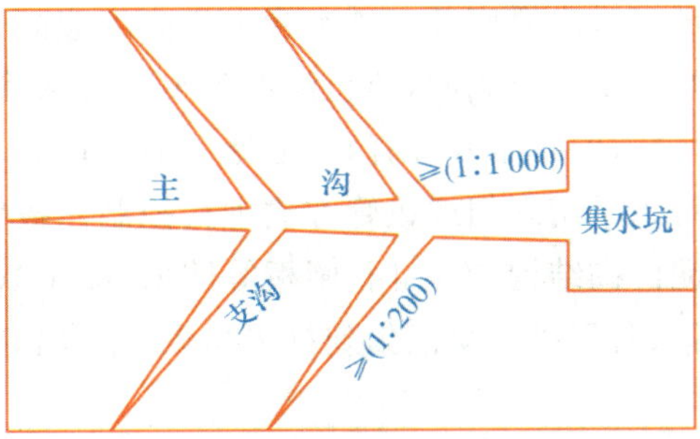

图 1-5 池塘底部沟、坑示意图

面积较大的池塘可按照回形鱼池建设，池塘底部建设台地和沟槽(图 1-6)。台地及沟槽应平整，台面应向沟倾斜，坡降为 1∶(1 000～2 000)，沟、台面积比一般为 1∶(4～5)，沟深一般为 0.2～0.5 m。

在较大的长方形池塘内坡上，为了投饵和拉网方便，一般应修建一条宽度约 0.5 m 的平台(图 1-7)，平台应高出水面。

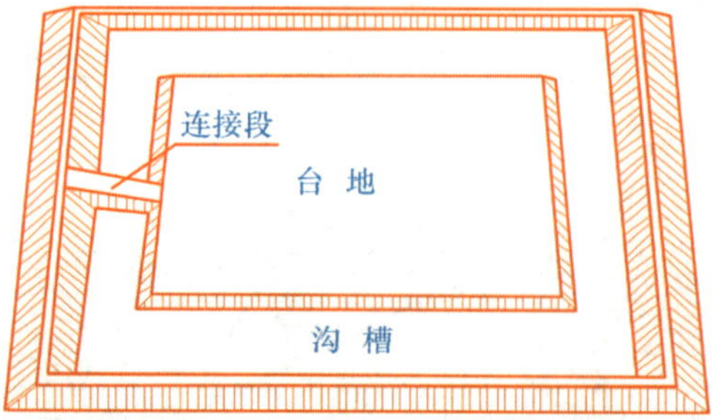

图 1-6 回形鱼池示意图

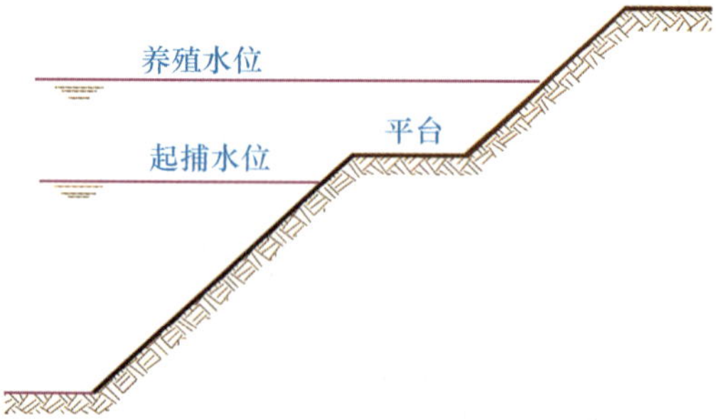

图 1-7 鱼池平台示意图

七、进排水设施

(1)进水闸门、管道 池塘进水一般是通过分水闸门控制水流通过输水管道进入池塘，分水闸门一般为凹槽插板的方式(图 1-8)。很多地方采用预埋 PVC 弯头拔管方式控制池塘进水(图 1-9)，这种方式防渗漏性能好，操作简单。

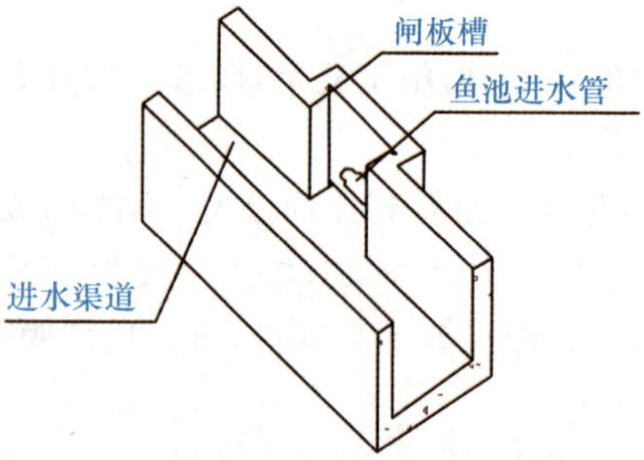

图 1-8 插板式进水闸门示意图

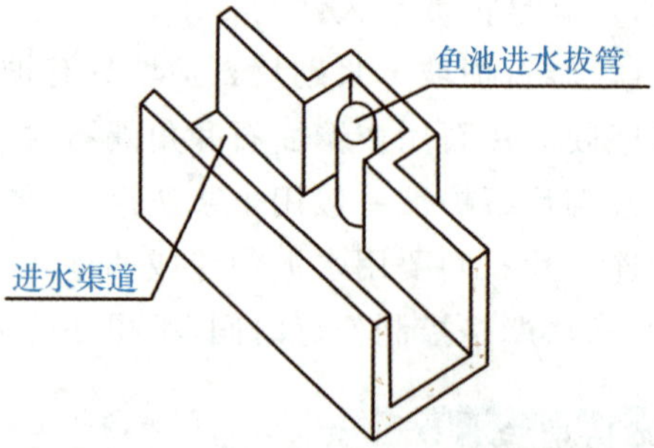

图 1-9 拔管式进水闸门示意图

池塘进水管道一般用水泥预制管或 PVC 波纹管，较小的池塘也可以用 PVC 管或陶瓷管。池塘进水管的长度应根据护坡情况和养殖特点决定，一般为 0.5～3 m。进水管太短，容易冲蚀塘埂；进水管太长，不利于生产操作和成本控制。

池塘进水管的底部一般应与进水渠道底部平齐，渠道底部较高或池塘较低时，进水管可以低于进水渠底部。进水管中心高度应高于池塘水面，以不超过池塘最高水位为好。进水管末端应安装口袋网，防止池塘鱼类进入水管和杂物进入池塘。

(2)排水井、闸门 池塘一般都设有一个排水井。排水井一般采用闸板控制水流排放，也可以采用闸门或拔管方式进行控制。拔管排水方式易操作，防渗漏效果好。排水井一般为水泥砖砌结构，有拦网、闸板等凹槽(图 1-10、图 1-11)。池塘排水通过排水井和排水管进入排水渠，若干排水渠汇集到排水总渠，排水总渠的末端应建设排水闸。

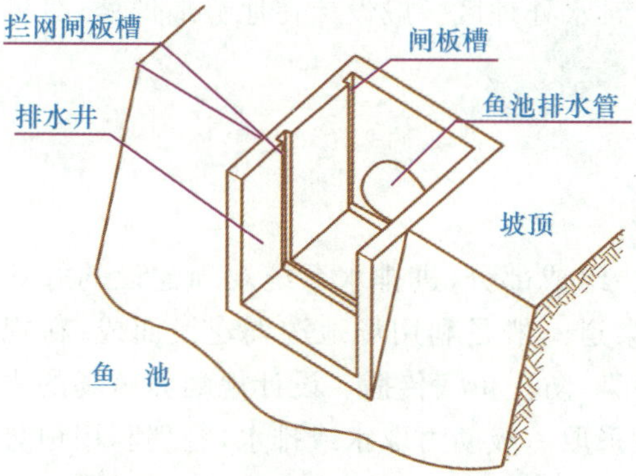

图 1-10　插板式排水井示意图

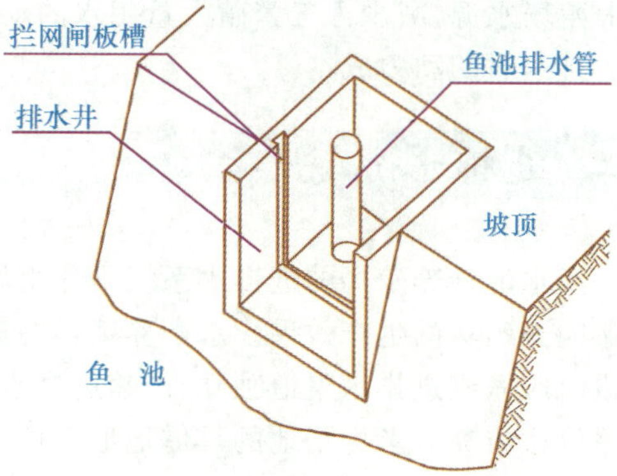

图 1-11　拔管式排水井示意图

排水井的深度一般应到池塘的底部，以排干池塘全部水为好。有的地区由于外部水位较高或建设成本等问题，将排水井建在池塘的中间部位，只排放池塘50%左右的水，其余的水需要靠动力提升，排水井的深度一般不应高于池塘中间部位。

一般每个池塘都有独立的进排水设施，为了使养殖过程中换水充分，池塘进排水一般呈对角线设计，在长方形池塘两个宽边分别设计进排水口，增大新进水在池塘中的流动距离。

任务三　养殖场规划、设计

一、布局

(一)场地布局

水产养殖场应本着“以渔为主、合理利用”的原则规划和布局，养殖场的规划建设既要考虑近期需要，又要考虑今后发展。

(二)基本原则

水产养殖场的规划建设应遵循以下原则：

(1)合理布局　根据养殖场规划要求合理安排各功能区，做到布局协调、结构合理，既满足生产管理需要，又适合长期发展需要。

(2)利用地形结构　充分利用地形结构规划建设养殖设施。

(3)因地制宜，就地取材　在养殖场建设中，要优先考虑选用当地建材，做到取材方便、经济可靠。

(4)搞好土地和水面规划　养殖场规划建设要充分考虑养殖场土地的综合利用问题，利用好沟渠、塘埂等土地资源，实现养殖生产的循环发展。

(三)布局形式

养殖场的布局结构，一般分为池塘养殖区、繁殖区、办公生活区、水处理区等。养殖场包括各种类型的池塘，各类型池塘一般相邻，方便生产和统一管理；池塘布局一般由场地地形决定，狭长形场地内的池塘排列一般采用“非”字形布局。地势平坦场地的池塘排列一般采用“围”字形布局。繁殖区一般与养殖区的亲鱼池相邻，方便人工繁殖时亲本运输；另外，繁殖区还要靠近养殖场水源,减少人工繁殖大量用水的动力成本。水处理区一般设计在地势最低处,尽可能减少排水时的动力成本。

二、进排水系统

淡水池塘养殖场的进排水系统是养殖场的重要组成部分,进排水系统规划建设的好坏直接影响养殖场的生产效果。水产养殖场的进排水渠道一般是利用场地沟渠建设而成,在规划建设时应做到进排水渠道独立,严禁进排水交叉污染,防止鱼病传播。设计规划养殖场的进排水系统还应充分考虑场地的具体地形条件,尽可能采取一级动力取水或排水,合理利用地势条件设计进排水自流形式,降低养殖成本。

养殖场的进排水渠道一般应与池塘交替排列,一侧进水另一侧排水,使新水在池塘内有较长的流动混合时间。

(一)泵站、自流进水

池塘养殖场一般都建有水泵站,泵站的大小取决于装配泵的台数。根据养殖场规模和取水条件选择水泵类型和配备台数,并装备一定比例的备用泵,常用的水泵主要有轴流泵、离心泵、潜水泵等。

低洼地区或山区养殖场可利用地势条件设计自流水进池塘。如果外源水位变换较大,可考虑安装备用输水动力,在外源水位较低或缺乏时,可以为池塘补充水源。自流进水渠道一般采取明渠方式,根据水位高程变化选择进水渠道截面大小和渠道坡降,自流进水渠道的截面一般比动力输水渠道要大一些。

(二)进水渠道

进水渠道分为进水总渠、进水干渠、进水支渠等。进水总渠设进水总闸,总渠下设若干条干渠,干渠下设支渠,支渠连接池塘。总渠应按全场所需要的水流量设计,总渠承担一个养殖场的供水,干渠分管一个养殖区的供水,支渠分管几口池塘的供水。

进水渠道大小必须满足水流的要求,要做到水流畅通,容易清洗,便于维护。进水渠道工程包括渠道和渠系建筑物两个部分。渠系建筑物包括水闸、倒虹吸管、涵洞、跌水与陡坡等。按照建筑材料不同,进水渠道分为土渠、石渠、水泥板护面渠道、预制拼接渠道、水泥现浇渠道等。按照渠道结构可分为明渠、暗渠等。

明渠结构具有设计简单,便于施工,造价低,使用维护方便,不易堵塞的优点,缺点是占地较多,杂物易进入等。明渠断面一般有三角形、半圆形、矩形和梯形 4 种形式,一般采用水泥预制板护面或水泥浇筑,也有的用水泥预制槽拼接或水泥砖砌结构,还有沥青、块石、石灰、三合土等护面形式,建设时可根据当地的土壤情况、工程要求、材料来源等灵活选用。

各类进水渠道的大小应根据池塘用水量、地形条件等进行设计。渠道过大会造成浪费,渠道过小会出现溢水冲损等现象。

渠道水流速度一般采取不冲不淤的流速,表 1-3 为不同渠道的最大允许流速。进水干渠的宽为 0.5～0.8 m,进水渠道的安全超高一般为 0.2～0.3 m。

进水渠道所需满足的流量计算方法如下:

$$流量(m^3/h)=池塘总面积(m^2)\times平均水深(m)/计划注水时数(h)$$

进水渠道一般需要有一定的比降，尤其是较长的渠道其比降是设计建设中必须考虑的。渠道比降的大小取决于场区地形、土壤条件、渠道流量、灌溉高程、渠道种类等。支渠的比降一般为 1∶(500～1 000)；干渠的比降一般为 1∶(1 000～2 000)；总渠的比降一般为 1∶(2 000～3 000)。

表 1-3　不同明渠的最大允许流速　　m/s

土壤及护面种类	平均水深/m			
	0.4	1.0	2.0	3.0 以上
松黏土及黏壤土	0.33	0.40	0.46	0.50
坚实黏土	1.00	1.20	0.85	1.50
草皮护坡	1.50	1.80	2.00	2.20
水泥砌砖	1.60	2.00	2.30	2.50
水泥砌石	2.90	3.50	4.00	4.40
木槽	2.50			

进水渠道也可以采用暗管或暗渠结构。暗管有水泥管、陶瓷管和 PVC 波纹管等；暗渠结构一般为混凝土或砖砌结构，截面形状有半圆形、圆形、梯形等。

铺设暗管、暗渠时，一定要做好基础处理，一般铺设 10 cm 左右的碎石作为垫层。寒冷地区水产养殖场的暗管应埋在不冻土层，以免结冰冻坏。为了防止暗渠堵塞，便于检查和维修，暗渠一般每隔 50 m 左右设置一个竖井，其深度要稍深于渠底。

(三)分水井

分水井又叫集水井，设在鱼塘之间，是干渠或支渠上的连接结构，一般用水泥浇筑或砖砌。

分水井一般采用闸板控制水流(图 1-12)，也有采用预埋 PVC 拔管方式控制水流(图 1-13)，采用拔管方式控制分水井结构简单，防渗漏效果较好。

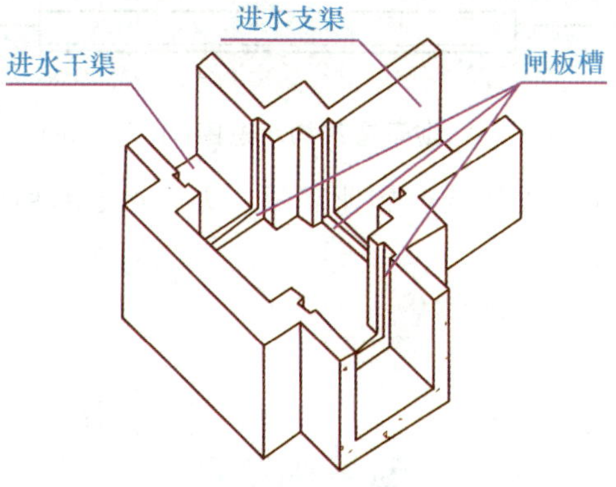

图 1-12　闸板控制的分水井

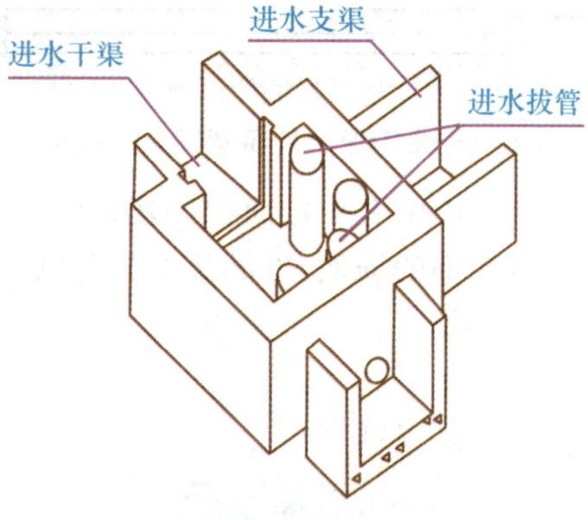

图 1-13　拔管式分水井平面示意图

(四)排水渠道

排水渠道是养殖场进排水系统的重要部分。水产养殖场排水渠道的大小、深浅要结合养殖场的池塘面积和地形特点、水位高程等确定。排水渠道一般为明渠结构，也有采取水泥预制板护坡的形式。

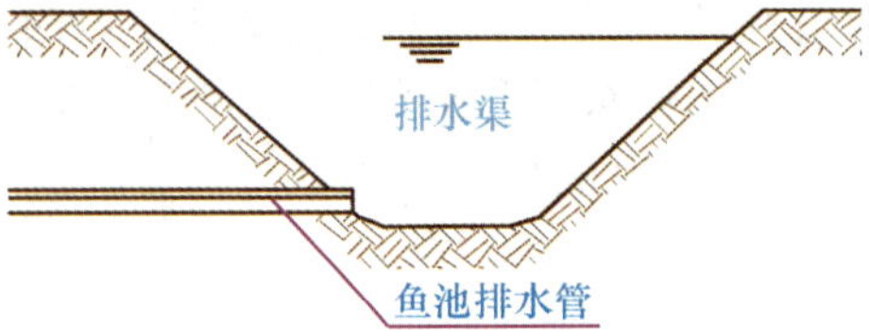

图 1-14 排水渠道示意图

排水渠道要做到不积水、不冲蚀、排水通畅。排水渠道的建设原则是:线路短、工程量小、造价低、水面漂浮物及有害生物不易进渠、施工容易等。图 1-14 为排水渠道示意图。

养殖场的排水渠一般应设在场地最低处,以利于自流排放。排水渠道应尽量采用直线,减少弯曲,缩短流程,力求工程量小,占地少,水流通畅,水头损失小。排水渠道应尽量避免与公路、河沟和其他沟渠交叉,在不可避免发生交叉时,要结合具体情况,选择工程造价低、水头损失小的交叉设施。排水渠道应避免通过土质松软、渗漏严重地段,无法避免时应采用砌石护渠或其他防渗措施,便于支渠引水。

养殖场排水渠道一般低于池底 30 cm 以上,排水渠道同时作为排洪渠时,其横断面积应与最大洪水流量相适应。

(五)场地、道路等

养殖场的场地、道路是货物进出和交通的通道,建设时应考虑较大型车辆的进出,尽量做到货物车辆可以到达每个池塘,以满足池塘养殖生产的需要。养殖场道路包括主干道、副干道、生产道路等;场地包括生产场地、生活办公场地、绿化场地等。

养殖场主干道一般净宽 4 m 以上,采用水泥或柏油铺设路面(图 1-15)。主干道两侧应绿化并安装路灯。副干道一般宽 3 m 以上,水泥或碎石路面(图 1-16)两侧应安装路灯,以满足生产车辆通行。

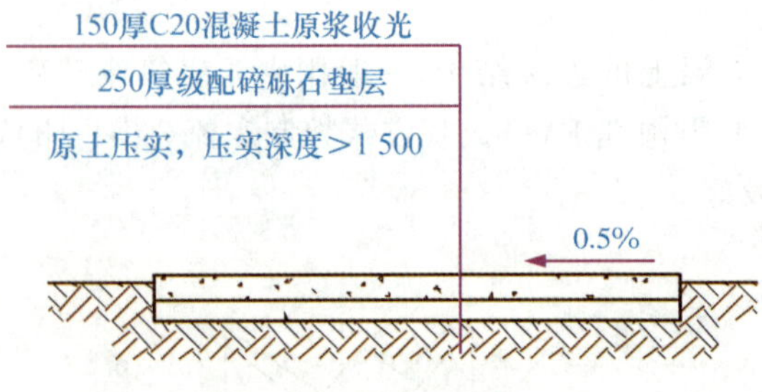

图 1-15 主干道结构示意图(单位:mm)

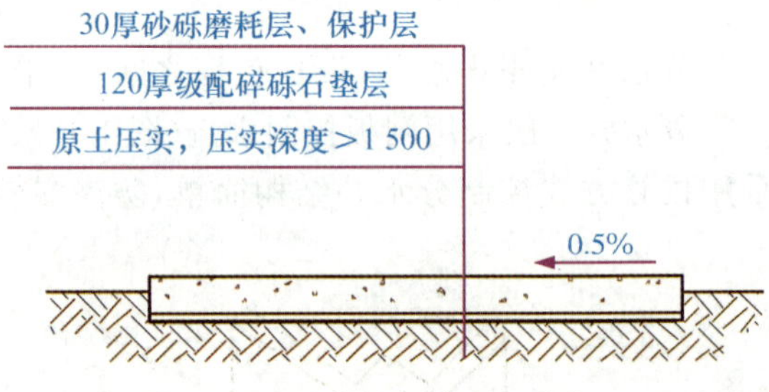

图 1-16 副干道结构示意图(单位:mm)

生产区应留有一定面积的场地,以满足生产物资堆放和生产作业需要。办公区、生活区应配建一定比例的场地,以满足车辆停放、活动等需要。

职业能力测试

项目一测试题

项目一测试题参考答案

思考与练习

1. 水产养殖场场址选择要求有哪些？
2. 不同养殖功能池塘面积和深度各有什么要求？
3. 池塘护坡的种类有哪些，各有何特点？
4. 简述池塘底部设计的基本要求。
5. 简述池塘进排水方式。
6. 调研 1～3 个水产养殖场，并对其布局进行评价。

项目二

池塘养殖环境控制与尾水处理

知识目标

1. 熟悉生石灰、漂白粉等常用药物的化学基本特征和清塘方法。
2. 熟知池塘水体溶解氧主要来源与消耗、变化规律。
3. 熟悉渔用肥料的种类及肥水特点。
4. 熟悉池塘养殖尾水处理方法。

能力目标

1. 能根据池塘具体情况选用清塘药物和清塘。
2. 能根据具体情况初步判断池塘不同水层、不同区域水体溶解氧含量。
3. 能根据池塘具体情况正确选择肥料和施用。
4. 能根据池塘具体情况选择合适的尾水处理方式，并对养殖尾水进行处理。

素质目标

1. 增强安全清塘和水体保护意识。
2. 养成分析问题并从主要方面解决问题的习惯。

池塘环境受很多因素的影响，其中最主要的是受池塘土质、水体中的化学成分、外界风力、阳光照射以及在养殖生产过程中各种人为活动等因素的影响。有些因素对养殖生产有利，有些对养殖生产不利，特别是对生活在水中的鱼类有许多不利的影响。池塘环境的改良就是要采取一系列科学有效的技术措施，趋利避害，给养殖鱼类创造一个适宜的生活环境，在保证鱼产品质量的前提下，增加鱼产品产量，提高养殖效益。

多年饲养鱼类的池塘因养殖生产活动，池塘内会积累一定数量的残饵、鱼类的粪便以及因雨水冲刷池埂而形成的泥沙沉积，同时一些对鱼类有害的生物也会残留在池塘内。为了保持池塘有一定深度并保证放水后池塘水质良好，必须进行清塘。清塘的内容包括整塘与清塘两方面。

任务一　整塘与清塘

一、整塘

(一)进、排水渠道的检查与修整

由于进、排水系统受水流冲洗、气候条件、杂草滋生、人及动物活动的影响，进、排水渠容易损毁，一般1～2年需要维修1次。不同类型的注、排水系统其维修的方法也不同。

1. 土质明渠的维修

这种明渠比较普遍，很容易受降雨、水流冲刷和其他意外损坏，也容易滋生杂草，影响水的流速或引来牲畜啃食。土质明渠维修的主要方法是：每年及时割除杂草，清理淤泥，修复坍塌地方，以保证水流畅通无阻。

2. 砖石或水泥预制板明渠的维修

这种明渠受气候影响较大，冬季受冻很容易出现裂缝或剥落，因此平时要勤检、勤修。冬季也可盖些柴草防冻，以免出现渗漏或坍塌。

3. 暗渠的维修

为了防止淤积，一般暗渠的进出水口落差比较大，且不易受外界条件影响，使用寿命较长。但对施工质量要求高，尤其是进出水管道要衔接严密，不渗漏。一般管理维修只需拦好进水口，防止大量杂物随水流入阻塞管道即可。

(二)池塘底质的改良

1. 操作步骤

(1)排干池水，挖除过多淤泥　池塘最好每年排水1次，干池后挖出过多的淤泥，用以加高池岸、堤埂，然后在池岸、堤埂上种植高产青饲料或其他经济作物。淤泥中含有大量营养物质，是优质的有机肥料，青饲料用淤泥施肥后，每亩产量可达7～15 t。

(2)日晒或冰冻池底　排干池水后，通过日晒或冰冻，不仅可以杀灭致病菌、孢子和野杂鱼，而且还能增加淤泥的通气性，促使淤泥中的有机物分解矿化，变成简单的无机物。当池塘灌水后，就可向水中提供大量的营养盐类，为改善下层水的溶解氧和水质创造良好的条件。晒塘一般在高温季节进行，以池塘出现龟裂效果为佳(图2-1)；冻塘一般在冬季进行，时间越长效果越佳。

(3)施用生石灰，提高淤泥的肥效　池塘施用生石灰，除了能杀灭鱼类寄生虫、病菌、害虫以及使池塘保持微碱性的环境和提高池水的硬度、增加缓冲能力外，还能增加水中钙离子，使淤泥中被胶体吸附的营养物质替换释放，增加水的肥度。

(4)养鱼与作物轮作　利用上半年空闲的1龄鱼种池种植水稻、稗草等高等水生植物。这种方法既可使淤泥中的有机物氧化分解，改良底质，充分利用淤泥，又为下半年养殖鱼种提供丰富的绿肥。一般当水稻或稗草长到30 cm以上时(放鱼种前)灌水，使植株腐烂分解，以繁殖大量浮游生物供鱼类摄食。此法可节省大量精饲料，一般称其为“以青代精”。

图 2-1 晒塘(左)及池底出现龟裂(右)

(5)用清淤机吸出部分淤泥　用清淤机将部分淤泥吸出(图 2-2),可以减少耗氧因子,并及时为池边饲料地提供大量优质的有机肥料。如塘埂狭窄,无法堆放泥浆,可在晴天中午用水质改良机将淤泥喷至池水的表层,充分利用其上层氧盈,加速淤泥中的有机物氧化分解,降低夜间下层水的实际耗氧量,防止鱼类浮头。

图 2-2 清淤机清淤

2. 相关知识

(1)淤泥是水域有机物的“贮存库”　由于水体下层水的溶解氧条件差,生物的尸体(植物、动物、微生物等)、大量的残剩饲料、有机肥料、鱼类的粪便以及其他水生动物的排泄物等无法及时分解而不断沉积于水底,与泥沙混合形成淤泥。

(2)淤泥是一个“生物加工厂”　淤泥中的有机物不仅是生物的尸体、残饵、有机碎屑排泄物和黏土的混合物,而且均被水底微生物不同程度地“加工处理”(发酵和分解),进行重新组合,形成十分稳定的腐殖质。

二、清塘

(一)常用清塘药物

清塘药物有很多种，生产上常用的有生石灰(图 2-3)、漂白粉 (图 2-4)、二氧化氯(图 2-5)、鱼藤酮(2-6)、茶粕和巴豆等。药物清塘的具体方法与作用以及清塘时的注意事项详见表 2-1。

图 2-3　生石灰

图 2-4　漂白粉

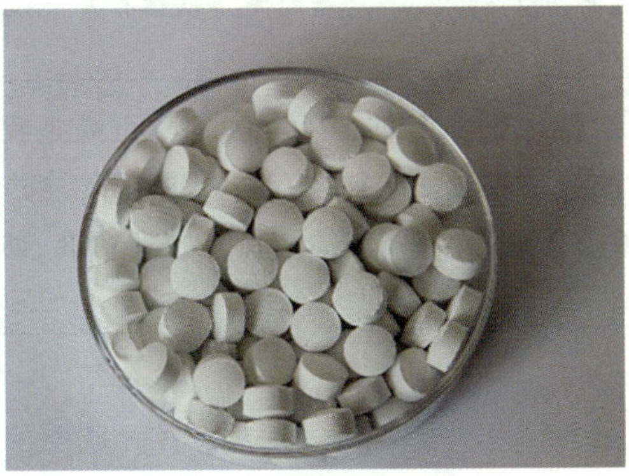

图 2-5　二氧化氯泡腾片
(江苏好润生物产业集团股份有限公司样品)

图 2-6　鱼藤酮
(江苏好润生物产业集团股份有限公司样品)

表 2-1　药物清塘方法与作用

清塘药物	清塘操作	清塘作用	注意事项
生石灰 (干法清塘)	池底留水深 6～10 cm，在池底各处挖若干个小潭(小潭间距以便于全面泼洒石灰水为度)，并引入适量水，将石灰均匀放入，待石灰溶化后即向池中均匀泼洒	能杀灭池中各种鱼病病原体以及野杂鱼，蛙卵、蝌蚪、水生昆虫、螺、虾、蟹、青泥苔和一些根茎浅软的水草，还能起到肥水、增钙等作用	①石灰水泼洒一定要均匀、周到，包括池塘四周的池埂都要用生石灰水全面泼洒 ②生石灰一定要选择优质的块灰 ③清塘次日应搅动底泥，保证清塘效果

续表 2-1

清塘药物	清塘操作	清塘作用	注意事项
生石灰（带水清塘）	捕鱼后不排水即进行清塘，将石灰溶化后即全池泼洒	同生石灰干法清塘	同生石灰干法清塘①、②
漂白粉	用容器将漂白粉溶解后全池泼洒	能杀死水中的野杂鱼、蛙卵、蝌蚪、水生昆虫、螺、部分河蚌及各种鱼病病原体	①不宜使用受潮的漂白粉 ②溶解漂白粉时只能用陶瓷器或木器，切不可用金属容器 ③适当搅动水体，使药液充分混合
二氧化氯	全池泼洒	同漂白粉	不宜使用受潮和过期产品
鱼藤精	用水稀释后全池泼洒	可杀灭鱼类和水生昆虫等动物	
茶粕	将茶粕弄碎，在容器中浸泡 1 昼夜（25 ℃）后，加水全池泼洒	能杀死野杂鱼类、蛙卵、蝌蚪、螺、蚌、虾、蟹和部分水生昆虫	
巴豆	将巴豆弄碎，用 3% 的食盐水浸泡 2～3 d 后，加水全池泼洒	只能杀死野杂鱼类	毒性强，对人体有害

此外，还要根据池塘主要养殖对象常发病有针对性地选择清塘药物。如孢子虫病是我国鲫鱼主要产区的常见病、多发病，治疗难度大，发病池塘池底淤泥中往往存在大量孢子，生产中在用生石灰清塘时，同时使用杀孢子虫药物（如晶体敌百虫，0.8～1.0 kg/亩），做到精准、彻底清塘。

（二）清塘药物用量的确定

1. 露天土池清塘药物的用量计算

（1）清塘　一般在幼体培育前 10～15 d 进行，排除池内污水，清除塘底污泥；冲洗池壁，维修排水管道等。

（2）用药量的计算方法

①鱼池水体的计算。一般采用全池泼洒法。用药时必须先准确计算鱼池水体，为此先测量鱼池的长度、宽度和水深，圆形池塘需测出半径，再依下列公式计算体积。全池泼洒用药的计算，要求池塘水面积丈量准确，计算平均水深时，总测点应不少于 10 个，求其平均值。

$$\text{长方形鱼池体积}(m^3)=\text{长度}(m)\times\text{宽度}(m)\times\text{平均水深}(m)$$

$$\text{圆形鱼池水体积}(m^3)=3.14\times\text{鱼池半径}^2(m^3)\times\text{水深}(m)$$

需要说明的是方形鱼池一般是有坡度的，其横断面呈梯形，在计算体积时其长度和宽度的测量应以水面至池底的 1/2 处为准。

②用药量的计算。

$$带水清塘用药量(kg)=池水体积(m^3)\times用药量(kg/hm^2)$$

$$干法清塘用药量(kg)=池塘的面积(hm^2)\times用药量(kg/hm^2)$$

2. 室内水泥池消毒药物的选择、计算用量与施用

(1)清池药物　消毒药物有漂白粉、二氧化氯和次氯酸钠溶液等。

(2)旧池的洗刷消毒方法　养殖使用的各种池子，在使用前必须进行洗刷消毒处理，旧池一般用浓度为50～100 mg/L漂白液或浓度为10～20 mg/L二氧化氯溶液浸泡24 h。在浸泡时，池底以外的池壁、池台，每隔6～8 h用上述药品再浸洗一遍，之后用干净的淡水冲洗干净备用。洗刷消毒的时间一般在鱼种或幼体入池前3～4 d完成。

3. 新水泥池的处理

(1)新养殖池的浸泡、洗刷和消毒　新建的水泥池碱性较重，遇水后会渗出大量碱性有毒物质，严重时水体pH会超过10，对幼体发育影响较大。因此，新池在使用前需先经过解毒处理，一般都用淡水多次浸泡、冲洗，直至池底、池壁内的碱性析出物和其他有毒物质的浓度降低到对幼体无影响的程度，每2天换水1次。新池浸泡时间至少为20 d，一般1个月左右，各池的具体浸泡时间应以池水pH恒定在8.5以内后方可使用。如果时间紧迫，可在浸泡水中加入少量工业盐酸或醋酸，或在池壁、池底刷上工业盐酸或醋酸，也可在水中投放稻草，用以中和碱性物质，这样可以缩短浸泡时间，直到池壁上有绿色藻类生长时，再消毒备用。

(2)预养生物　新池浸泡处理完毕后，还可在池内预养鱼类或其他生物，直至池壁附生底栖藻类为止，然后经过洗刷再用于鱼、虾等养殖。

(3)新养殖池的快速处理　上述方法的缺点是占用时间较长，不利于在短时间内发挥新建水泥池的作用。为解决上述矛盾，可采用具有无毒、吸附力强和快干等特性的防水涂料涂刷池壁，防止渗漏与pH升高。要求将池壁和池底涂刷2～3遍，当池内pH在短期内无明显变化时方可使用，一般养殖池经喷涂后，第二天即可使用，且养殖效果好；在刷涂料前，先清除池壁、池底的毛糙物，并清洗干净，待池子干燥后均匀地涂上涂料。用这种涂料处理过的池子，不必再经过浸泡处理，只要等涂料干后加以清洗，就可用来养殖。现在普遍采用的国产RT-176防水乳剂涂料较为理想，RT-176防水乳剂又称氯偏体系涂料，是一种合成涂料。另外，也可用206等防水涂料涂刷池壁、池底，形成一层薄的保护膜，防止碱性泛出，同时也可以避免因池壁粗糙对鱼种、幼体造成不良影响。

(三)注意事项

(1)对旧池洗刷消毒的时间一般在鱼种或幼体入池前3～4 d完成。过早，池子放置的时间长，病原生物有可能重新侵入，到使用时还要重新消毒；过晚，消毒后没超过24 h，残留在池壁内的药液毒性没有消失，会对放入的幼体造成不良影响。

(2)生石灰、漂白粉等常用清塘药物对人体皮肤等组织有损伤隐患，使用时要注意安全，不宜直接接触皮肤，接触后应立即用大量清水冲洗，严重时应立即就医。

任务二　池塘溶解氧控制

池塘溶解氧是池塘水体中生物(包括养殖鱼类)生存和生长的必需物质，溶解氧不足会引

起水生生物大量死亡。与空气中氧气相比，水体中溶解氧含量极低，一般情况下其含量是空气中含量的 1/30 左右。此外，池塘水体中溶解氧变化快、分布不均，夏季白天与晚上水体中溶解氧相差可达 10 倍左右，同一水层不同区域溶解氧相差达数倍。因此，池塘水体中溶解氧具有作用大、含量低的特点，科学控制池塘水体中的溶解氧是池塘养鱼的关键环节之一。

一、池塘溶解氧补给与消耗

池塘溶解氧的补给主要是依靠水生植物光合作用所产生的氧气。在精养鱼池中，浮游植物光合作用产生大量的氧气，在水温较高的晴天，溶解氧往往会达到饱和度的 200%以上。通常，晴天池水中浮游植物光合作用产氧占一昼夜溶解氧总收入的 90%左右。大气中扩散溶入水中的氧气并不多，特别是在静水中，大气中的氧气只能溶于水的表层。白天表层水的溶解氧高，其溶解速度大大下降，当表层溶解氧超过饱和度时，其氧气的溶解速度为零，表层过饱和氧气反而向空气中逸出。因此，大气中的氧气溶入池塘水，主要在表层溶解氧低的夜间和清晨进行。在晴天，大气扩散溶入池水中的溶解氧占一昼夜溶解氧总收入的 10%左右(表 2-2)。

表 2-2 精养鱼池溶解氧的收入和支出

收入			支出		
来源	浓度 /[g/(m² · d)]	百分含量 /%	消耗	浓度 /[g/(m² · d)]	百分含量 /%
浮游植物光合作用	16.75	90.3	水呼吸	13.53(夜间 5.28)	72.9
大气溶入	1.80	9.7	鱼类耗氧	2.99	16.1
			逸出	1.93	10.4
			塘泥	0.10	0.6
总计	18.55	100.0	总计	18.55	100.0

池塘溶解氧的消耗主要是水中浮游生物呼吸作用和水中有机物(在细菌的作用下)的氧化分解，俗称“水呼吸”。这部分的耗氧要占一昼夜溶解氧总支出的 70%以上。晴天 11:00—17:00，上层过饱和溶解氧向空气逸出的数量占一昼夜溶解氧总支出的 10%左右。鱼类耗氧量并不高，在水温 30 ℃时，载鱼量达 560 kg 的池塘中，鱼类耗氧量占一昼夜总支出的 16%左右。塘泥的理论耗氧值虽高，但由于池塘下层水缺氧，故实际耗氧量很低，绝大部分理论耗氧值以氧债形式存在。塘泥的实际耗氧量与底层水的溶解氧条件呈正相关。

熟知池塘水体中溶解氧的主要来源和消耗，是分析掌握池塘水体溶解氧变化规律及科学设置投饵区等生产管理的关键。

二、池塘溶解氧变化规律

养殖池塘水体的溶解氧均有水平变化、垂直变化、昼夜变化和季节变化。水质越肥，这种变化越显著。因此，对于精养鱼池而言，溶解氧的这四种变化规律最为突出，对鱼类生长的影响也最大。

(一)水平变化

由于风力的作用,池塘下风处浮游生物和有机物比上风处多,因此,白天下风处浮游植物产氧和大气溶入的氧气都比上风处高。风力越大,上、下风处的溶解氧差距也越大。但夜间溶解氧的水平分布恰恰与白天相反,是上风处大于下风处。这是由于集中在下风处的浮游生物和有机物在夜间的耗氧比上风处高,下风处的耗氧速度比上风处快,故上风处的溶解氧比下风处高。据测定,夏季清晨上风处的溶解氧比下风处高 0.78～1.20 mg/L,故清晨鱼类浮头一般多在池塘上风处开始。

(二)垂直变化

池水溶解氧有明显的垂直变化。其主要原因是水中辐照度和浮游植物均有垂直梯度变化:白天,上层辐照度大,浮游植物数量多,光合作用产氧多;下层正相反,产氧少而有机物耗氧量大(特别是塘泥)。加上白天由于水的热阻力,上下水层不易对流,尽管上层溶解氧超饱和,下层溶解氧却很低,在夏季溶解氧往往趋于零。夜间,由于池水的密度流,溶解氧的垂直变化并不显著。

(三)昼夜变化

白天由于辐照度强,浮游植物光合作用产氧量高,往往在晴天下午溶解氧超过饱和度;到夜间浮游植物光合作用停止,池中只进行各种生物的呼吸作用,而大气溶入表层水的氧气又不多,致使池水溶解氧明显下降,至黎明前下降到最低,此时容易引起鱼类因缺氧而浮头,使溶解氧产生明显的昼夜变化。一般来说,天气晴朗,浮游植物数量越多,溶解氧的昼夜差异也越大。

池塘溶解氧含量昼夜变化曲线分析

(四)季节变化

夏秋季节水温高,浮游生物和微生物的新陈代谢强,生长繁殖快,水质肥,耗氧因子多,溶解氧的水平、垂直和昼夜变化十分显著。冬春季节水温较低则会产生相反的结果(冬季冰封情况下例外),冬春季节光合作用弱,但水温低,溶解氧消耗低,水体平均溶解氧含量较高(图 2-7)。

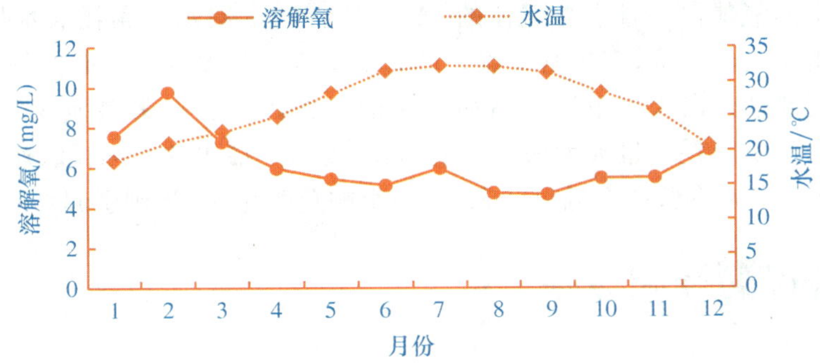

图 2-7　水库(200 亩)平均溶解氧和水温周年变化(广东东莞)
(根据南京禄辉物联科技有限公司提供数据整理)

上述 4 个变化规律与溶解氧的昼夜和垂直变化密切相关,在生产上也最为重要。它们同时产生,互相关联又互相制约,显示了池塘溶解氧在时间和空间上的变化情况。对精养鱼池晴天不同时间水深与溶解氧的变化测定表明:白天,上层溶解氧随辐照度的增加而升高,此时又因上下水层的水温差形成水的热阻力,致使上层高浓度的溶解氧无法及时向下层补充,下层溶解氧条件进一步恶化。在15:00,上层溶解氧达到最高峰时,恰恰是下层溶解氧的最低值,缺氧水层向上延伸。夜间,上层水温随气温的下降而变冷,故产生密度流,池水中、下层的溶解氧逐渐得到补充,致使上层溶解氧逐步下降,至5:00上层溶解氧下降到最低点。此时上下水层的溶解氧差异基本消失,整个池水溶解氧条件最差。

三、氧盈与氧债

夏秋季节,晴天下午精养鱼池上层溶解氧往往超过饱和度。为研究这部分氧气的变化规律以便合理利用,将溶解氧超过饱和度100%以上的值称为氧盈。氧盈所在的水层称为氧盈层。对精养鱼池晴天一昼夜溶解氧饱和度曲线的测算表明:白天下层水溶解氧饱和度低,接近塘泥的底层水溶解氧为零。上层溶解氧饱和度高,在11:00—18:00产生氧盈,其氧盈曲线呈"U"形,氧盈的最大深度可达90 cm。与此同时,下层溶解氧饱和度较低,水和塘泥中的好气性微生物、浮游生物等因缺氧,其新陈代谢会受到抑制,特别是接近塘泥的池水溶解氧往往等于零。当所有溶解氧被用完后,有机物的还原过程仍继续进行(在塘泥中尤为突出)。该过程是由不需要游离氧气的厌气性微生物通过发酵作用来完成的,其结果会产生大量的有机物中间产物和无机还原物。它们分解成简单的无机盐或转化为氧化物,需要消耗大量的氧气,但此时下层水和塘泥恰恰严重缺氧。为研究这部分物质的耗氧变化规律以便降低这些耗氧量对水质的影响,将上述耗氧称为氧债。

氧盈和氧债对精养鱼池的溶解氧有较大影响。白天,上层辐照度高,浮游植物数量多,光合作用产氧量大,至下午溶解氧往往达到过饱和,产生大量的氧盈。据测定,氧盈层中的氧气数量占浮游植物光合作用产氧量的66%,占一昼夜溶解氧总收入的61%。由于水温差而产生的热阻力,上层水中的氧盈无法及时向下层补充,会逸出水面,造成白天下层水缺氧,生物和化学氧化不同程度地受到抑制。据精养鱼池溶解氧实际耗氧速度和氧债速度昼夜垂直变化测定表明:白天随着上层溶解氧增加,下层(离水底0.5 m)溶解氧反而降低,下层实际耗氧速度下降,耗氧量小,而氧债速度明显增大,下层水和塘泥中的耗氧量绝大部分以氧债形式存在。据测算,白天下层水的氧债占一昼夜总氧债的85%。夜间,上层水已属耗氧水层,氧盈消失,溶解氧大大下降,由于气温下降,产生密度流。此时上层水不仅要为下层有机物提供正常呼吸所需的氧气,同时还要偿还白天因下层缺氧而产生的氧债,造成"白天氧债夜间还"的不合理局面,使夜间下层水的实际耗氧量大大增加。据测算,夜间下层水的实际耗氧速度反而比白天增大50%。造成下层水始终保持在低氧状态,轻则影响鱼类生长,重则引起浮头、泛塘。

四、池塘溶解氧控制方法

(一)生物增氧

一般情况下,池塘水体中浮游植物光合作用产生的氧气是池塘水体溶解氧的最主要来源,施肥增加水体中的营养盐,使池塘内的浮游植物数量增加、光合作用增强,从而使水体中的溶解氧增加,这一措施是保持水体中溶解氧的主要方法。

采用光合细菌来增加水体溶解氧的方法已经在生产上得到普遍推广,这种方法操作简单,成本低,劳动强度小,使用效果好;同时,光合细菌又有净水功能,因此受到生产者的普遍欢迎。

近几年来，一些多功能的微生态制剂广泛应用于池塘养鱼生产中。微生态制剂又称有益微生物、益生素等，常用的产品主要由硝化和反磷化细菌、乳酸杆菌、枯草杆菌、双歧杆菌、假单胞菌、酵母菌、粪链球菌、噬菌蛭弧菌等组成，广义上还包括真菌（放线菌、根霉菌等）、藻类及其代谢产物等。微生态制剂在水体中可形成优势菌群，抑制有害菌的繁殖；吸收利用水体中氨氮等有害物质，改善养殖环境，降解养殖过程中产生的有机污染物，减少其对溶解氧的消耗，并将其转化为二氧化碳、无机盐等；改善鱼体代谢，激活免疫系统，提高水产动物免疫力，同时还能增加水体中的基础饵料，促进养殖鱼类的生长。

（二）机械增氧

机械增氧的方法比较简单，增氧效果显著，在生产中应用最为广泛。机械增氧主要是用机械的办法，使水面产生浪花或将空气压到水体中再以小气泡形式逸出，增加水与空气的接触面积，促使空气中的氧气溶解到水体中。

机械增氧又称物理增氧，人工搅动水面、架水泵扬水和开增氧机等都是增加水体中溶解氧的有效方法。而增氧机增氧是目前生产上广泛采用的人工增氧方法。

利用增氧机增氧，主要用于鱼类浮头或将要浮头，或阴雨天气的早晨，可以使池塘水体中溶解氧快速上升，避免鱼类因过度缺氧而死亡。另一个重要用途是在晴好天气能调节水体水质，因晴天中午前后水体中氧气会达到饱和或过饱和，开动增氧机可将上层高溶解氧的水与下层低溶解氧的水进行混合，达到提高水体整体溶解氧水平的目的。

（三）化学增氧

化学增氧主要是利用某些化学制剂，如过碳酸钠等，直接溶解到池塘水体中，让其释放一定量的氧气，从而使池塘中的溶解氧水平提高。化学增氧剂对池塘溶解氧提高效果有限（除非超剂量使用），成本较高，一般在鱼缺氧急救时或底质改良时使用。

市售化学增氧剂以前以粉剂为主，现多制作成颗粒或片剂（图 2-8），进入水体后沉底，缓慢释放氧气，可减少药物浪费。

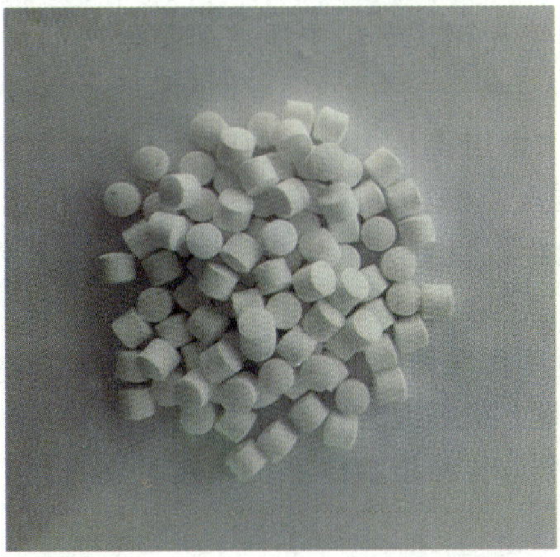

图 2-8　渔用化学增氧颗粒［云乾（南京）生物科技研发有限公司样品］

（四）补水增氧

当池塘中缺氧时，可以从溶解氧量较高的河流、湖泊或其他池塘中加注新水，或在加注新水前排出一部分低溶解氧的池塘水，再加注新水，可短期内在池塘局部形成一个“高溶解氧区”，鱼类聚集在“高溶解氧区”（图 2-9），能有效防止鱼类窒息死亡。

图 2-9　池塘补水增氧救鱼

任务三　肥水调节

向池塘内施肥的主要目的是向池塘内补充植物光合作用所需要的营养盐类，同时向水体中增加有机物质，促进池塘中以浮游生物为主要饵料的其他动物的繁殖与生长，促进浮游植物光合作用，增加水体中的溶解氧，为鱼类更好地生长发育提供条件。

生产上常用的肥料有有机肥与无机肥两类。

一、有机肥

（一）有机肥的种类

有机肥大多数是动物的排泄物和动植物残体，具有营养丰富，肥效持久等特点，俗称迟效肥料，生产中常作为基肥和追肥使用。可用于池塘养殖生产的传统有机肥主要有厩肥、绿肥、堆肥、沼气肥和发酵粪肥等。

发酵粪肥是池塘养鱼生产中用得最多的一种肥料。发酵粪肥包括经发酵的人粪尿和畜禽粪。人粪尿含氮量高，粗纤维含量相对较低，在水中容易分解，肥效快。畜禽粪中的成分与其摄食的饲料成分有关，如果动物以摄食人工配合饲料为主，如养猪场的猪粪、肉鸡养殖场的鸡粪，由于所饲养的动物均摄食人工配合饲料，相对来讲粪便中纤维含量较低，在水体中的分解类似人粪尿。而牛粪、羊粪等草食性动物粪便含粗纤维较多，在水体中分解速度相对较慢。

厩肥是家畜的粪便与垫圈土草等混合物经过长期堆积腐熟而成的。绿肥是经堆沤作肥料的绿色植物。堆肥则是由粪肥与各种植物体堆积腐熟而成的。沼气肥则是由沼气发酵后的残留物组成的有机肥料。

现代生物有机肥料是将传统有机肥等经过现代工艺加工制作而成的，质量稳定，溶解性好，有时复配营养盐，营养更为全面，生产中运输和使用方便，肥水效果好。目前我国水产养殖市场销售部分商品有机肥种类见图 2-10。

图 2-10　市售渔用商品有机肥部分种类(左:液态肥;中:膏肥;右:颗粒肥)

(二)有机肥在池塘中的作用

有机肥进入池塘后,很快分解成无机营养物质,为浮游植物光合作用提供了有利条件。光合作用的增强,增加了水体中溶解氧,反过来又促进水体中其他有机物的分解,加快了池塘的物质循环,改善了池塘的水环境,有利于养殖鱼类的生长发育。一些在水体中不能马上分解的有机物,以颗粒形式存在于水体中,这些有机颗粒一方面可以直接作为浮游动物或鱼类的饵料被摄食利用;另一方面这些颗粒又相当于一些细菌的培养基,使得水体中的细菌得到大量繁殖,从而又为能摄食细菌的浮游动物提供天然饵料,进而促进浮游动物的大量繁殖。浮游生物的大量繁殖为滤食性鱼类提供了饵料,从而可以促进这些鱼类的生长与发育。

有机肥在水体中分解速度的快慢,对培养出的浮游生物的种类有一定影响。一般情况下,含粗纤维量高、在水体中不易分解的粪肥相对容易培养出大量的浮游动物,而含纤维少的粪肥,在水体中比较容易分解,则能较快地培养出大量的浮游植物。

有机肥如果处理不当,可以将畜鱼共患的病原体带入池塘,从而引起鱼的疾病。或者有机物施用不当,使池塘内有机物过量,大量消耗水体中的溶解氧,并在低氧条件下进行厌氧呼吸,产生一些有害物质,如氨、硫化氢等,对水体产生污染。生产上为了避免这种情况发生,特别强调要将有机肥经腐熟后方可用于池塘施肥。

(三)有机肥的使用

使用粪肥、厩肥、堆肥作基肥时,用量一般为 4 500～6 000 kg/hm^2。基肥多堆放在池塘的一角或向阳一边的浅水处,施肥 5～10 d 后即可放鱼。有机肥用于追肥时,用量视水温和池塘水质条件而定,一般 4—6 月每月用 2 800～4 500 kg/hm^2,7—9 月由于投饵量大,水温也较高,水质较肥,一般情况下不需要施肥。但靠施肥为主,不投或少投饲料的池塘,如果水源充足,又备有增氧机的池塘应加大施肥量,以保持鱼类的快速生长。9 月后天气转凉,水质逐渐变瘦,这时可适量施肥。追肥常采用全池泼洒的方法。

绿肥要堆放在池塘的一角或岸边浅水处,可单独使用,也可与粪肥混合使用,每隔 3～5 d 翻动 1 次,让其充分发酵和扩散。夏秋季节一般 10～15 d 即可腐熟分解,施肥前应将未腐烂分解的植物残渣捞起。绿肥可用作基肥也可用作追肥,作基肥时一般施 7 500 kg/hm^2 左右,用作追肥时的用量要根据池塘水质和天气等情况来确定。

混合堆肥是由人粪或畜禽粪与绿肥堆积而成的。堆肥积沤在土坑或水泥池中,一层草一层肥交替堆放,每层高约 20 cm,堆放时要压实并用总量 1%的石灰撒在每层绿肥上,再浇粪尿和水,用塑料膜覆盖或加泥密封使之充分发酵;使用时将残渣集中到池的一角,取肥汁均匀泼洒于池塘中，施用量要根据天气、池塘水质等条件而定。

商品有机渔肥使用方法参考其使用说明。

二、无机肥

无机肥一般营养单一，溶解性好，肥效快，俗称“速效肥料”，生产中常用作追肥。无机肥按化学成分的不同可分为氮肥、磷肥、钾肥和钙肥等四类。一般池塘水体中很少缺钾，生产上很少使用钾肥。钙肥在生产上常用于改善水体 pH，杀灭一些有害生物，氮肥和磷肥在生产上使用最为普遍。

氮肥包括氯化铵、碳酸氢铵、硫酸铵、尿素等。

磷肥根据其溶解性可分为 3 类：第一类是溶于水的，植物能直接吸收利用，肥效快，又称速效磷肥，如过磷酸钙和重过磷酸钙；第二类是弱酸性的，不能直接被植物吸收，肥效缓慢，又称缓效磷肥，如钙镁磷肥；第三类是难溶性磷肥，又称迟效磷肥，如磷矿粉、骨粉等。生产上常用重过磷酸钙、磷酸二铵、磷酸一铵等。

无机肥只适用于池塘追肥，施肥的原则是要求保证水体中有效氮的浓度保持在 0.3 mg/L 以上，有效磷浓度保持在 0.04～0.05 mg/L。一般每隔 3～4 d 施 1 次，每次的施用量要根据池塘水体中的氮磷含量确定。一般每生产 1 kg 鲢鱼、鳙鱼，需要含氮、磷比为 1∶1的无机肥 1 kg。

三、施肥注意事项

（1）选择适当天气　养殖过程中施肥一般选择在晴天中午进行，此时池塘跃温层已经形成，释放的肥料营养成分停留在上层水体，而且此时光合作用最强烈，肥料营养成分易被藻类吸收，可有效地减少肥料浪费；阴雨天天气阴暗光照减弱，水体中浮游植物光合作用不强，对氮、磷等元素的吸收能力较差，肥料下沉后被底泥吸附，造成浪费，不宜施肥。

（2）闷热天气不施肥　天气闷热时，气压低，水中溶解氧也较低，施肥后水中有机物耗氧量增加，极易造成精养鱼池的鱼因缺氧而浮头和泛池。

（3）池水浑浊不施肥　水体过于浑浊，说明水体黏土矿粒等过多，氮肥中的铵离子、磷肥及其他肥料中的营养物质易被水体中的胶团吸附固定、沉淀，迟迟不能释放肥效，造成肥效损失。

（4）忌化肥单施　施肥的主要目的之一是培育水体中易被鱼类消化利用的浮游动植物。浮游植物吸收营养是有一定比例的，因此建议使用一些专业厂家生产的有一定营养比例的肥水产品，利于硅、绿藻及其他一些有益藻类的繁殖。如果单施某种化肥，营养元素比较单一，其他营养元素也会成为限制因素制约肥效的发挥。

（5）暴发鱼病时不施肥　在暴发鱼病时鱼类的抵抗力减弱，若氨态的氮肥施用较多，则易使鱼类中毒死亡，同时在鱼病暴发时鱼类的摄食能力下降，培育的大量浮游生物不能及时地被有效利用。

（6）引藻种＋施肥效果好　早春时水温低，池塘藻类数量少，有时施肥并不能达到培藻肥水的目的，在施肥的同时向池塘中投放一定的藻种，可以促进藻类大量繁殖，起到较好的肥水效果。目前市面上商品淡水藻种有小球藻（图 2-11）和硅藻等（图 2-12）。

图 2-11　实验室自培小球藻(从左到右,为接种第 1～4 天的小球藻)

图 2-12　硅藻源粉剂(左)和颗粒(右)(江苏好润生物产业集团股份有限公司样品)

任务四　养殖尾水处理

(一)物理处理方法

物理处理方法的主要目的是去除渔业环境中的悬浮物、有害气体、有害离子、固体颗粒等,其方式主要有过滤、重力沉降、泡沫分离、曝气、吸附等。

过滤是在推动力或者其他外力作用下将水中的固体颗粒及其他物质被过滤介质截留,从而使固体与液体分离的操作,如筛绢网袋过滤等。过滤介质要求多孔、理化性质稳定、耐用和可反复利用等。常用的过滤分离设备主要有机械过滤器、砂滤器、压力过滤器等。

重力沉降是一种使悬浮在水体中的固体颗粒下沉并与水体分离的过程,其原理是依靠地球引力作用,利用颗粒与水体的密度差异,使之发生相对运动而沉降。沉淀池是用于水质净化处理的常用重力分离设备。在水产养殖业中,因循环水养殖系统中悬浮颗粒物的平均相对密度为 1.19,略大于水的相对密度,故可采用重力沉降技术进行养殖废水处理。

泡沫分离是根据吸附原理，向含表面活性物质的液体中鼓泡，使液体内的表面活性物质聚集在气液界面（气泡的表面）上，在液体主体上方形成泡沫层，将泡沫层和液相主体分开，达到浓缩表面活性物质（在泡沫层）和净化液相主体的目的。

曝气是向水体中强制充气，使水和空气充分接触以增加水中氧气、交换气态物质和去除水中挥发性物质的水处理方法。曝气能使有害气体或挥发性物质从水中逸出，如去除水的臭味或硫化氢等有害气体；能使氧气溶入水中，提高溶解氧浓度，达到除铁、除锰或促进需氧微生物降解有机物的目的。

吸附是指当水体与多孔固体接触时，水体中某一组分或多个组分在固体表面产生积蓄的现象。利用某些多孔固体有选择地吸附水体中的一个或几个组分，从而使混合物分离的方法称为吸附操作。经常使用的多孔性固相物质有活性炭、硅胶、浮石粉等，可吸附水中的氨、重金属离子、悬浮颗粒物等，从而达到修复净化水体的目的。

（二）化学处理方法

化学处理方法是利用化学分解或固定反应改变水体中污染物的结构或降低污染物的迁移性和毒性的过程。目前常用的化学修复方法有化学絮凝、化学氧化、化学固定等。

化学絮凝是通过添加絮凝剂使水体中悬浮微粒集聚变大，或形成絮团，从而加快颗粒的聚沉，达到固-液分离的目的。在水体中加入一定量的电解质（絮凝剂），可以中和微粒表面的电荷，使微粒间的斥力下降，出现絮状聚集。常见的絮凝剂有硫酸铝（明矾）、聚合硫酸铝、聚合硫酸铁等。

化学氧化是在水体中添加化学氧化剂，使之与污染物发生氧化反应，最终使污染物降解或转化为低毒、低移动性产物。化学氧化常用的氧化剂有臭氧等。化学氧化主要用来修复被油类、有机溶剂、多环芳烃、农药等污染物污染的水体。

化学固定是在水体中加入化学试剂或化学材料，并利用它们调节污染环境条件，控制反应条件，改变污染物的形态、水溶性、迁移性和生物有效性，使污染物钝化，形成不溶性、移动性差，毒性小的物质而降低其在污染环境中的生物有效性，减少其向其他环境系统的迁移。常见的固定剂有粉煤灰、蒙脱石、斑脱土等。

（三）生物处理方法

生物处理方法是利用各种生物（包括微生物、植物和动物）的特性，吸收、降解、转化水体中的污染物，一般分为微生物处理、植物处理、动物处理三种类型。微生物处理通常要供氧、接种并驯化高效菌和调节合适的氮、磷等营养盐浓度，基本技术措施包括接种微生物、添加营养物等，达到水体中有机物的降解和转化、对环境中重金属的转化与固定。植物处理是利用水生植物清除水体中污染物，使其降解或消失。动物处理是利用滤食性鱼类和贝类等减少水体中藻类的生物量。

（四）综合处理方式

对于一些污染程度较高的水体，需要运用包含物理、化学、生物的综合治理方法，因地制宜地同时采用多种处理方法，形成标本兼治的综合治理效果，包括人工湿地等。

(五)案例——“两坝三区”模式

该模式针对饵料过量投入、尾水直排等问题，利用溢流坝、过滤坝、生态沟渠净化区、生态湿地净化区、生态蓄水净化区等“两坝三区”，辅以养殖池塘原位调控技术，将养殖过程中产生的氮、磷等污染物作为水生蔬菜及其他水生经济作物的肥料，净化后的养殖尾水回流到水产养殖区，形成养殖——种植——回用的闭环(图 2-13)。

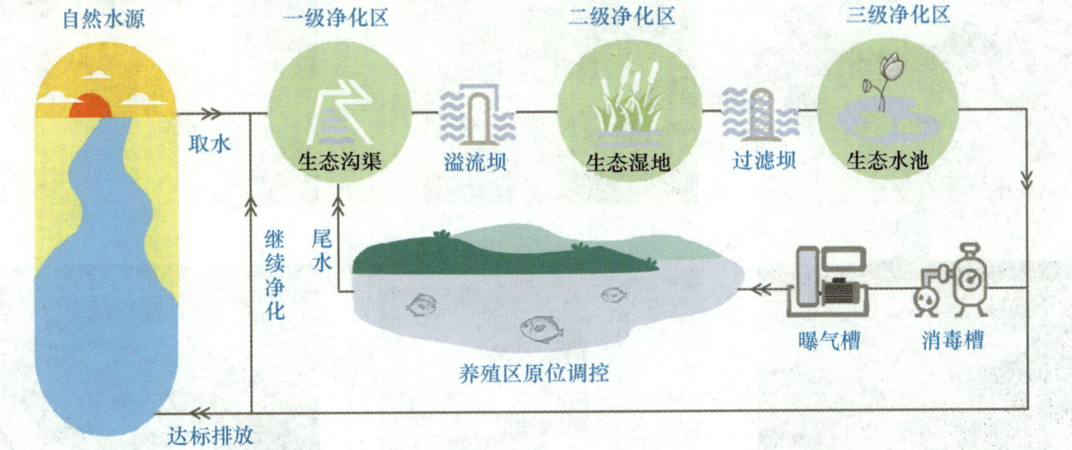

图 2-13　水产养殖面源污染治理“两坝三区”模式流程图

(1)原位净化　生态浮床制作及经济作物栽培与收割，使用 PVC 管和与之相配套的弯头制作浮床框架。在浮床框架上设置上层固定植物的粗网和下层保护植物根部的细网。选择适合在水中生长、根系发达的水生蔬菜等经济水生植物，如空心菜、水芹等，并适时收割。

(2)异位治理　包括一级净化区(生态沟渠净化区)、二级净化区(生态湿地净化区)、三级净化区(生态蓄水池净化区)、溢流坝、过滤坝 5 个主要模块构成的“两坝三区”。

一级净化区。主体为生态沟渠，占养殖区域水面积的 2%～5%。在生态沟渠沿岸浅水区种植挺水植物、沉水植物和浮叶植物；在深水区种植漂浮植物，或利用生态浮床种植空心菜、中草药等经济水生植物；植物覆盖面积为生态沟渠面积的 30%～50%。生态沟渠内相隔一定距离构建小坝，用于减缓水速、延长水流停留时间，使流水携带的颗粒物质和养分等得以沉淀和去除；在生态沟渠中放养鱼贝螺，不投饵。

二级净化区。主体为人工湿地，占养殖区域水面积的 2%～8%。在湿地内种植适当比例的挺水植物、沉水植物及浮叶植物；在表面流人工湿地的深水区采用浮床等设施种植空心菜、中草药等经济植物，覆盖面积为 5%左右。放养适当规格的鱼苗，不投饵。

三级净化区。主体为生态蓄水池，占养殖区域水面积的 2%～5%。在生态蓄水池种植适当比例的挺水植物、沉水植物及浮叶植物，在深水区可采用浮床等设施种植空心菜、中草药等经济植物，覆盖面积为 5%左右。放养适当规格的鱼苗，不投饵。

溢流坝。溢流坝位于一级净化区与二级净化区之间，主体为一种坝顶可过水的坝，一般由混凝土或浆砌石筑成。养殖尾水从一级净化区经溢流坝进入二级净化区时，颗粒沉淀物将沉积在一级净化区中。

过滤坝。过滤坝位于二级净化区与三级净化区之间，主体为一种坝体可透水的坝，主要由外部框架和透水材料堆积而成。过滤坝中部填充砾石、陶粒、火山石、黏土等，土层上可以种植景观植物。养殖尾水从二级净化区经过滤坝进入三级净化区时，悬浮性物质和漂浮物将被滞留在二级净化区。图 2-14 为水产养殖水体污染治理“两坝三区”模式实景图。

图 2-14　水产养殖水体污染治理“两坝三区”模式实景图

（根据中国水产科学研究院无锡淡水渔业研究中心提供材料整理）

(3)尾水循环　在三级净化区和养殖池塘之间建设水泵站。水泵功率根据具体养殖面积确定。一般情况下尽量做到整个循环期间只用一次动力提水，其他各区之间通过高位差实现进出水的自流，从而最大限度降低动力投入。

尾水经过异位深度治理单元处理后，进入臭氧处理槽进行消毒，消杀病原微生物。经过臭氧消毒后的尾水进入曝气槽进行曝气复氧和消除多余的臭氧。曝气到臭氧浓度低于 0.003 mg/L 后方可回流到养殖池塘。

职业能力测试

项目二测试题

项目二测试题参考答案

思考与练习

1. 清塘的主要内容有哪些？
2. 简述常用清塘药物种类、清塘方法及清塘药理。
3. 简述池塘水体溶解氧的变化规律。
4. 简述提高池塘溶解氧水平的方法。
5. 池塘养鱼中怎样科学施肥？
6. 简述养殖水体“两坝三区”模式结构组成及各部分的功能。

项目三

水产养殖常用机械设备的安装和使用

知识目标

1. 熟知增氧机的作用、结构和常见增氧机类型及其增氧效果。
2. 熟知投饲机的类型和结构。
3. 了解水产养殖智慧管理系统组成及其工作过程。

能力目标

1. 能根据养殖具体情况选择增氧机并正确指导安装和科学使用。
2. 能根据养殖具体情况选择投饵机并正确指导安装和科学使用。
3. 能正确使用智慧渔业管理系统。

素质目标

1. 通过现代渔业机械设备学习，加深学生对专业的理解，更加热爱专业。
2. 增强安全用电和爱护渔业设备意识。

传统池塘养鱼模式劳动强度大，风险大，管理难，产量低，增氧机和投饲机的普及有效降低了劳动强度、养殖风险和管理难度，有效提高了池塘渔产量；近年来，信息化、智能化设备在水产中推广应用，将养殖管理从线下变为线上，进一步降低了劳动强度和养殖风险，大大提高了劳动效率，为池塘养鱼开辟了新天地。

任务一　增氧机在池塘中的安装和使用

水体中的溶解氧是养殖动物生存和生长的必需物，也是养殖水体物质正常循环的保障。水体中溶解氧具有含量低、变化快的特点，是水产养殖动物产量提高的首要限制因素。及时增加并保持水体中溶解氧含量是提高养殖产量的关键。20 世纪 70 年代中国水产科学研究院渔业机械仪器研究所丁永良等研究并推广鱼塘增氧机，将池塘鱼产量提高到 1 000 kg/亩以上，增产增收效果极其显著。时至今日，增氧机仍然是水产养殖的关键设备之一。

一、增氧机工作原理

一是利用机械部件搅动水体，促进对流交换和界面更新；二是把水分散为细小雾滴，喷入气相，增加水与气的接触面积；三是通过负压吸气，令气体分散为微气泡，压入水中。

二、增氧机作用

增氧机除了有增氧作用外，还有搅水和曝气作用。它们虽然在增氧机运转过程中同时完成，但在不同情况下，一种增氧机以一个或几个作用为主。

三、增氧机类型

常用的增氧设备包括叶轮式增氧机、水车式增氧机、射流式增氧机、喷入式增氧机、增氧泵、微孔曝气增氧装置等。随着养殖需求和增氧机技术的不断提高，许多新型的增氧机不断出现，如涌喷式增氧机、喷雾式增氧机等。

(一)叶轮式增氧机

叶轮式增氧机(图 3-1)主要由电动机、减速箱、水面转向叶轮及浮球组成；电动机是动力装置，工作时带动叶轮转动，浮球是浮力装置，使增氧浮在水面上，使用时可以通过向各浮球内注排水，调节增氧机的吃水深度。随着技术的发展，增氧机已经形成了一个产品系列，包括 7.5 kW、5.5 kW、3.0 kW、1.5 kW、1.1 kW、0.75 kW 等型号。目前，3.0 kW、1.5 kW 两种叶轮式增氧机为常用型号。

叶轮增氧机是通过电动机带动叶轮转动搅动水体，将空气和上层水面的氧气溶于水体中的一种增氧设备。叶轮增氧机具有增氧、搅水、曝气等综合作用，是采用最多的增氧设备。叶轮增氧机的推流方向是以增氧机为中心作圆周扩展运动，比较适宜在大规格鱼种池、成鱼池和亲鱼池使用。叶轮增氧机的动力效率可达氧气 2 kg/(kW·h)以上，一般养鱼池塘可按每亩 0.5～1 kW 配备增氧机。

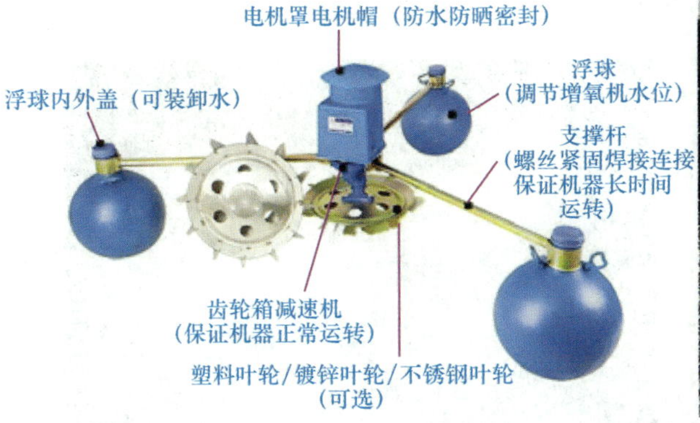

图 3-1 叶轮式增氧机(左:结构示意图;右:工作状态图)

(二)水车式增氧机

水车式增氧机(图 3-2)主要由电动机、减速箱、机架、浮筒、叶轮等 5 部分组成。电动机为动力,通过减速器减速,带动叶轮转。工作时,叶轮上叶片部分或全部浸没于水中。旋转过程中,叶片刚入水时,桨叶击打水面,激起水花,并把空气压入水中,同时产生强劲的作用力,一方面把表层的水压入池底,另一方面将水推向后流动。当桨叶与水面垂直时,则产生一个与水面平行的作用力,形成一股定向的水流。当桨叶即将离开水面时,在叶背形成负压,可以将下层水提升。当桨叶离开水面时,它把存在叶弯的水和叶片上的水往上扬,在离心力的作用下进一步被甩向空中,从而激起强烈的水花和水露,将大量空气进一步溶解。叶轮转动形成的气流,也可以加速空气的溶解。

水车式增氧机的最大特点是可以造成养殖池中的定向水流,便于满足特殊鱼类养殖需要和清理沉积物。其增氧动力效率可达 1.5 kg/(kW · h)以上,每亩可按 0.7 kW 的动力配备增氧机。

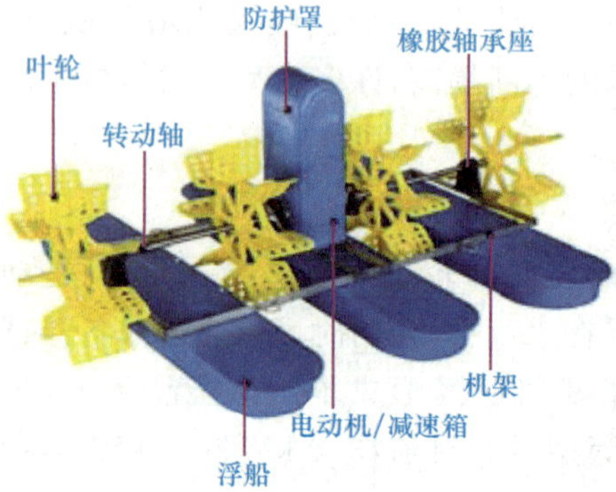

图 3-2　水车式增氧机(左:结构示意图;右:工作状态图)

(三)射流式增氧机

射流式增氧机也叫射流自吸式增氧机(图 3-3),是一种利用射流增加水体交换和溶解氧的增氧设备。与其他增氧机相比,具有结构简单、能形成水流和搅拌水体的特点。

射流式增氧机的增氧动力效率可达 1 kg/(kW·h)以上,并能使水体平缓地增氧,不损伤鱼体,适合鱼苗池增氧使用。缺点是设备价格相对较高,使用成本也较高。

图 3-3　射流式增氧机(左:结构示意图;右:工作状态图)

(四)喷水式增氧机

喷水式增氧机(图 3-4)的工作原理是利用电机转动将池水抽出水面,高速运动的池水在出口遇到挡板后向空气中散开,在重力作用下落到池塘中,在运行过程中与空气充分接触,空气中的氧气溶解到水中,实现增氧。

该增氧机增氧区域不大,搅水能力不强,但在工作中比较美观,一般适用于面积不大的池塘中使用,也可在鱼苗池和城镇景观水体中使用。

图 3-4　喷水式增氧机(左:结构示意图;右:工作状态图)

(五)增氧泵

增氧泵(图 3-5)是利用交流电产生变换的磁极,推动带有固定磁极的杆振动,在固定磁极杆的末端带有橡胶碗,杆在振动的同时将空气压缩并泵出,压缩空气通过导管末端的气泡石被分成无数的小气泡,增大了与水的接触面积,增加氧气的溶解速度。生产中也有用蓄电池为电源的,其优点是携带更方便。

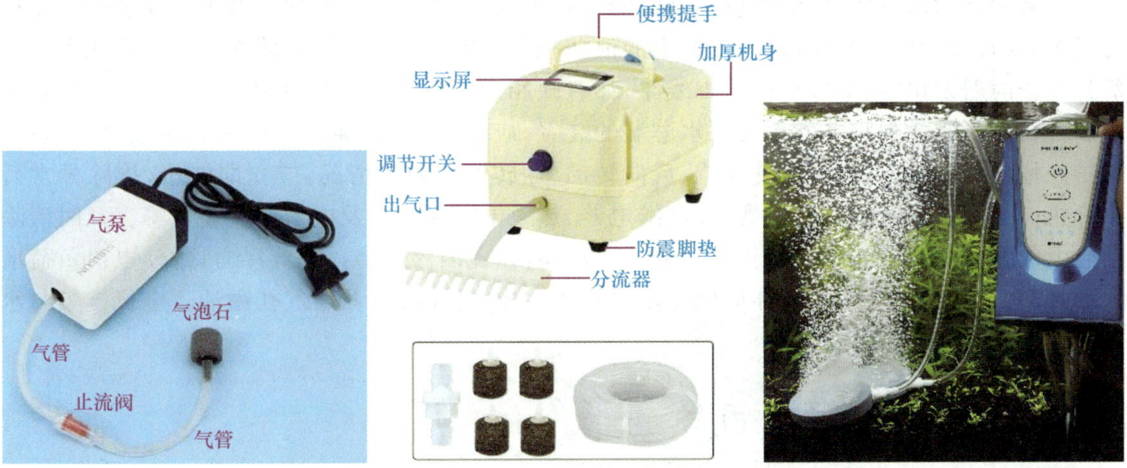

图 3-5　增氧泵(左,中:结构示意图;右:工作状态图)

增氧泵具有轻便、易操作及单一的增氧功能,一般适合水深在 0.7 m 以下,面积在 0.6 亩以下的鱼苗培育池或温室养殖池中使用。也适合在家庭水族箱、鱼类小规模暂养中使用。

(六)微孔曝气增氧装置

微孔曝气增氧装置(图3-6)是一种利用压缩机和高分子微孔曝氧管相配合的曝气增氧装置。曝气管一般布设于池塘底部,压缩空气通过微孔逸出形成细密的气泡,增加了水体的气水交换界面。随着气泡的上升,可将下层水体中的粪便、碎屑、残饲以及硫化氢、氨等有毒气体带出水面。微孔曝气装置具有改善水体环境、溶解氧均匀、水体扰动小的特点。其增氧动力效率可达1.8 kg/(kW·h)以上。微孔曝气装置特别适用于虾、蟹等甲壳类品种的养殖和大规模养鱼池中使用,每亩可按0.1~0.4 kW的动力配备增氧机,能耗低、使用成本低。

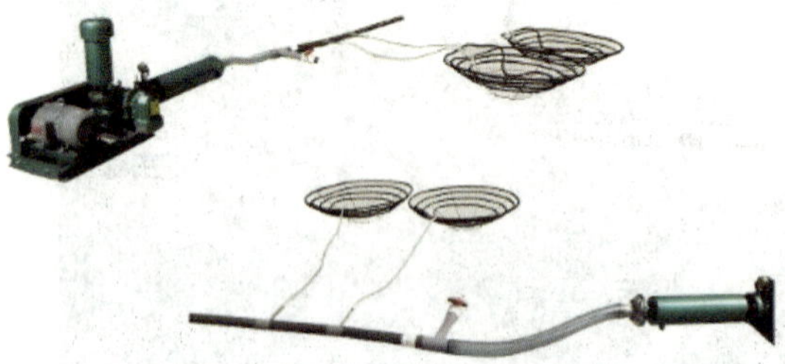

图3-6 微孔曝气增氧装置(左:结构示意图;右:工作状态图)

四、增氧机在池塘中的安装

先根据池塘水深、面积、形状、养殖对象和各类型增氧机的特点等确定安装增氧机的类型;再根据池塘面积和增氧机推荐使用面积,选择增氧机功率和确定增氧机安装台数。

安装时要切断电源,电缆线应用锁夹固定在机架上,不得垂入水中。增氧机安装后工作扭力很大,要加以固定。叶轮旋转时,产生的浪花很大,切不可乘坐浮物到增氧机跟前观察。增氧机工作时若发出"嗡嗡"声,应检查线路,如有缺相运行情况应立即切断电源,接好线路后再重新开机。护罩是保护电源不受雨水淋湿的装置,应正确安装;接线盒易受水侵蚀,也要注意保护。增氧机启动时,如有异常声响、反向转动、运转不平稳等情况,应立即停机,排除异常后再开机。增氧机应配备热继电器、温度继电器、热敏电阻保护器及电子保护装置等。及时清除叶轮上的缠绕物或附着物。每年要检查一次浮体,以免因浮体磨损降低浮力,致使电机负荷增大而烧坏。增氧机下水时,整体应保持水平移入水中,防止减速器通气孔溢油。电机严禁与水接触。

五、增氧机的科学使用

增氧机目前已在全国各地的精养鱼池中普及推广,但不少单位在增氧机的使用上还很不合理,仍采用"不见浮头不开机"的方法,增氧机变成了"救鱼机",只能处于消极被动的地位,且每年使用时间短,增氧机的生产潜力并没有充分发挥出来。为使增氧机从"救鱼机"变成"增产机”，应采取如下方法：

（1）必须早安装、晚拆除，我国南方地区一般在 3 月中下旬前后需安装好，10 月中下旬前后方可拆除。

（2）必须针对不同天气引起缺氧的主要原因，根据增氧机的作用原理，有的放矢地使用增氧机。

（3）必须结合当时养鱼的具体情况，运用预测浮头的技术，合理使用增氧机。

根据上述要求，最适开机时间可采取：晴天中午开，阴天清晨开，连绵阴雨半夜开；傍晚不开，浮头早开，鱼类主要生长季节坚持每天开。运转时间可采取：半夜开机时间长，中午开机时间短（1～3 h）；天气炎热、面积大或负荷水面大，开机时间长；天气凉爽、面积小或负荷水面小开机时间短。

增氧机使用期间需要专业人员定期检查线路和设备，发现异常及时维修，一方面保证使用过程中用电安全，另一方面需要其工作时能正常工作，保证养殖安全。

任务二　投饲机在池塘中的安装和使用

投饲设备是利用机械、电子、自动控制等原理制成的饲料投喂设备。投饲机具有提高投饲质量、节省时间、节省人力和减轻投料劳动强度等特点，已成为水产养殖场重要的养殖设备。投饲机一般由四部分组成：料箱、下料装置、抛撒装置和控制器。下料装置一般有螺旋推进式、振动式、电磁铁下拉式、转盘定量式、抽屉式定量下料式等。

鱼塘投饲机的安装与使用　　　　塔式投料机

生产中，池塘养鱼使用的投饲机主要有普通自动投饲机（图 3-7）、远程自动投饲机（图 3-8）和塔式自动投饲机（图 3-9），其性能和适用池塘见表 3-1。

图 3-7　普通自动投饲机（左：实物图；右：工作状态图）

图 3-8　远程自动投饲机（左：样品；右：工作状态图）

图 3-9　塔式自动投饲机（左：实物图；右：工作状态图）

表 3-1　池塘投饲机类型及特点

类型	投料面积	投料区	价格及安装	其他
普通投饲机	小	小	价格便宜，安装较方便	能耗小，适合小池塘使用
远程投饲机	较大	大	价格便宜，安装方便	能耗小，适合中小池塘使用
塔式投饲机	较大	大	价格较高，安装较复杂	能耗略高，多塘共用，具储料功能，大型养殖场使用性价比高

一、投饲机基本结构

（一）料箱

料箱主要用于盛放饲料。采用方桶或圆筒形，桶内下部采用斜度较缓的漏斗，材料一般用白铁皮或黑铁皮。

（二）下料装置

由于鱼的摄食特性及环境与陆地动物有很大不同，饲料投喂装置有其特殊性。如使用量最大的沉性颗粒饲料在水中的沉降速度一般为 8 cm/s 左右，饲料必须在沉入水底之前被鱼摄食，所以投喂饲料要有一定的间隔时间。为此，渔用投饲机都设置有下料装置，对每一次下料量、下料持续时间、下料间隔时间等进行控制。下料装置分为以下几种类型：

(1)螺旋推进式　由电机和螺旋轴组成。电机通电带动螺旋轴旋转把饲料从料斗输送到下料口，电机断电则停止送料，完成饲料的间隔投喂，通过对电机的调速对下料量进行控制。结构较复杂，成本高，损坏后较难修复，现已很少采用。

(2)振动式　由电机凸轮带动滑杆，滑杆带动料门振动使饲料落到下料口。这种装置较上一种简单，但仍需要电机，成本较高，维修较难。

(3)电磁铁下拉式　由电磁铁、下料门、下料口大小调节板组成。当电磁铁通电时，电磁铁吸合，向下拉动下料门使饲料落下，电磁铁断电后，下料门由弹簧拉回原位，停止下料，调节下料口调节板可调节下料量大小。这种装置结构简单耐用，成本低，容易维修，配件容易得到，现在大部分投饲机都采用这种结构。

(4)转盘定量式　料斗箱为一旋转圆盘，并有一刮板搅拌饲料，防止饲料结拱。圆盘上开有下料定量圆孔，当圆盘旋转一周时，孔中的饲料定量落下实现间隔定量下料功能，通过对圆孔堵塞可控制每次下料量。这种方式可以实现定量投喂，但需低速电机，结构复杂，机加工精密，成本较高。

(5)抽屉式定量下料式　通过电磁铁拉动一个可调容积的抽屉形容器把一定量饲料从料斗拉到下料口，饲料落下后由弹簧拉回料斗口，完成一次定量下料，并重复进行。通过调节抽屉形容器的体积控制每一次的下料量，配合采用单片机控制器，可实现精确定量智能投喂功能，主要适用于研究所试验及工厂化养鱼中。

(三)抛撒装置

抛撒装置功能是把饲料输送到投饲区并撒开一定面积，按投饲机不同应用方式分为以下几类：

(1)不使用动力的抛撒装置　投饲机放置在投饲区域上方，当饲料从下料装置下料口落下时，碰到其下方的锥形撒料盘，将饲料碰散开。这种装置一般应用于投饲面积较小的工厂化养殖中。

(2)空气动力方式　在管道中通过高速空气流动把从下料装置的下料口落下的饲料带到投饲区域，碰撞障碍物使饲料散开，完成饲料投喂。管道长度可根据投饲位置进行调整，投喂面积通过调节障碍物进行调节，非常适合网箱养鱼的自动投喂。高速流动空气可通过三通一分为二，使 1 台机器可同时投喂 2 个网箱或 4 个网箱，并且每个网箱的投喂量可分别进行控制，有效减少了投饲机在网箱平台的占地面积，降低了网箱养殖的投入成本。

(3)离心抛撒式　当饲料从下料装置的下料口落到旋转的圆盘上时，由于离心力作用把饲料抛撒出去。这种方式是目前应用最多的类型，主要用于池塘养殖。其电机有高速电机和低速电机两类，高速电机速度高，饲料接触转盘的瞬间碰撞力较大，饲料破碎率较高。现在倾向于使用低速电机，通过配用不同直径的转盘适应不同的池塘面积，投料均匀、破碎率低。

(四)控制器

控制器主要有两个功能：一是定时功能，在开启投饲机后，经过一定时间自动停止投喂；二是间隔控制功能，在投料期间，每隔一定时间打开下料开关，进行投喂，然后关闭，周而复始，直到定时时间到，停止投喂。控制器又分为机械定时、电子定时和最新的单片机为核心的控制器 3 种。由于单片机的可编程性，不仅定时准确，间隔时间和投料持续时间也可随时调整，而且有一定的智能性，比如在开始投料的几分钟和结束投料前的几分钟，控制器可自动对间隔时间和投料持续时间进行调整，以适应摄食鱼的数量变化，减少饲料损失；另外，单片机还可以设置每天的所有投喂程序，控制器自动完成每天的投喂工作，当料斗中没有饲料时，自动停止投喂并报警。以单片机为核心的控制器是未来发展方向。

二、投饲机安装与使用

1. 确定安装类型和数量

根据池塘大小等养殖条件确定安装投饲机的类型、型号和数量。

2. 选择池塘安装位置

根据主要养殖季节风向确定投饲机的安装位置，一般投饲区为池中心偏下风口的位置，该区域白天溶解氧丰富，鱼类在该区域摄食旺盛。

3. 安装

根据安装位置布电线；根据确定投饲机的类型架设工作平台，要求工作平台牢固和平稳。工作平台架设好后摆放投饲机、接通电源并试机，要求投饲机投出的饲料在空中呈抛物线式下落到投饲区中，饲料不能“直射式”抛入水体中，以免打伤吃食鱼的鱼体。面积较大池塘鱼群数量大，传统投饲机有效投饵面积小，在投饲中后期易引起投饲区溶解氧不足，可在投饲区安装增氧设备或水泵。

4. 使用

传统投饲机在使用前打开箱盖，将颗粒饲料倒进料仓中，盖上箱盖。设置每次投料时间长短、选择相邻二次投料间隔时间、确定投饲机工作时间，投饲机就可以开始工作了。养殖前期和后期，池塘水温低，设置每次投料时间短、投料间隔时间长；养殖中期，池塘水温，鱼类摄食旺盛，设置投料时间长、投料间隔时间短。投饲机工作时间要根据具体情况而定，一般以85%左右鱼吃饱离开投饵区为宜。

投饲机使用期间需要专业人员定期检查线路和设备，发现异常及时维修，保证使用过程中用电安全。

任务三　水泵在池塘中的安装和使用

一、管道泵安装

(一)管道泵安装要求

安装高度应小于允许吸上真空高度减去进水管路损失；泵的出水口应装上压力表，以便观察和控制泵的运行情况；管路重量不得由泵承受；水泵应该安装在通风的地方，室外安装应加防护罩，避免太阳暴晒及雨淋。

(二)安装

安装前。应检查其在运输过程中有无变形或损坏，固件有无松动或脱落。

安装配置进出水口管。管路安装应以尽可能减少管道流体阻力为原则。进水口管处应加过滤网，以防止硬质、杂质或硬质固体颗粒进入泵腔内损伤轴封或水叶，导致水泵漏水或异常；进水口管处应加止回阀，便于注水。

接线。必须按机器安装说明书的要求正确接线，接线时接线端必须牢固，不允许有松动，否则会造成接触不良，导致缺相烧机。其接线线路必须要用过载保护装置，并根据电机铭牌上的电流要求调整保护装置设定值的大小。

二、立泵安装要求

吸入水位高于泵上：可单泵和双泵串联或并联使用。

吸入水位低于泵下：如水池抽送水。

三、启动

泵在启动前应打开进水闸阀和泵排气阀塞，关闭出口闸阀，泵腔内灌满水，使泵能够正常启动。

点动电机，检查转向是否符合箭头所示方向(从电机端看，为顺时针方向旋转)。

四、运行

泵启动后逐渐打开出口闸阀，调整至所需工况点。

泵在运行过程中，运行工况点流量以不大于性能参数表中所给的大流量点的流量为宜，同时电机运行时电流不得超出额定电流。

停机顺序：关闭出口管路上的闸阀—电机—压力表。

五、维护

应经常检查泵在运行过程中是否平稳，有无机械密封磨损及泄漏情况，及时更换密封件，防止压力水进入电机。

经常检查电机外壳的温度变化，其最高温度应不超过 85 ℃，如发现温度过高，应立即停机检查。

泵长时间停用时，应排净积水，去除锈垢，涂上防锈油脂，以便下次再用；再次启用时应仔细检查线路。

任务四　智慧渔业管理系统

传统池塘养鱼水质调控主要依靠养殖经验，增氧机、投饲机和水泵等设备需要结合养殖实情和养殖管理流程使用。智慧渔业系统可以实现对池塘水质(溶解氧、水温等水体理化指标)实时在线检测、塘口视频监控、养殖设备(增氧机、投饲机等)远程控制和养殖管理任务远程操控，使养殖全程可监控、可追溯，使养殖管理更加科学合理（图 3-10），大大降低了池塘养鱼的劳动强度，明显提高了劳动效率。

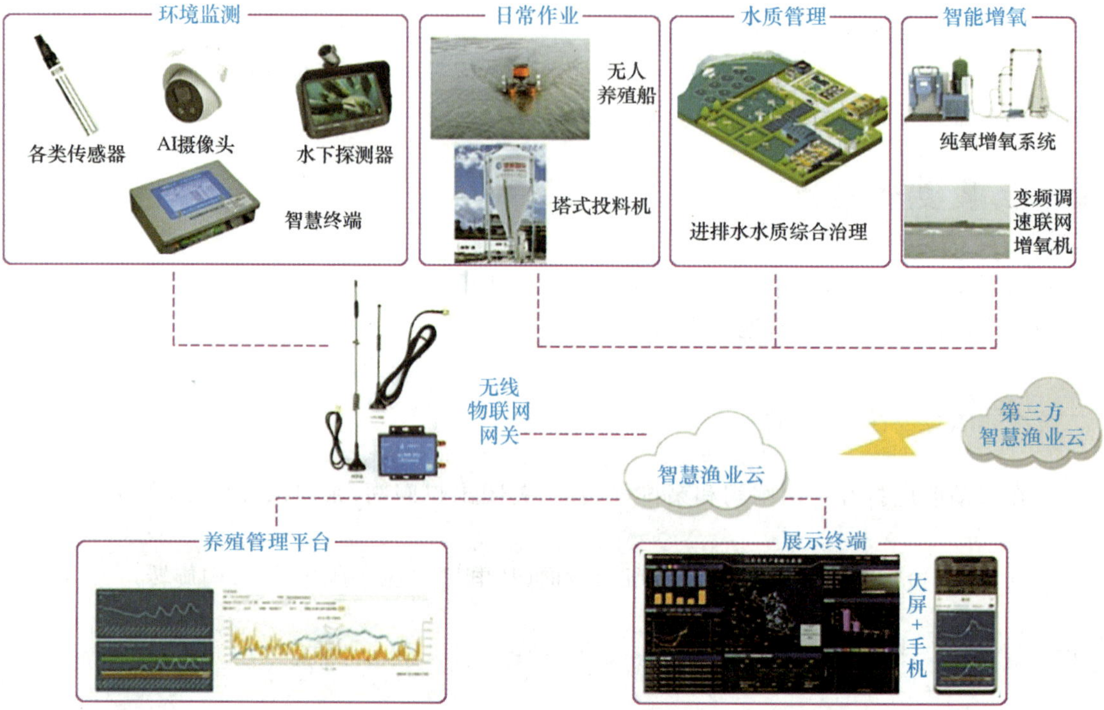

图 3-10　南京禄辉物联科技有限公司智慧渔业管理系统示意图

鱼儿乐智慧渔业管理平台

职业能力测试

项目三测试题

项目三测试题参考答案

思考与练习

1. 常用水产增氧机的种类有哪些，各有何特点？
2. 池塘增氧机安装和使用有哪些要点？
3. 池塘投饲机种类有哪些？各有何特点？
4. 池塘投饲机安装和使用有哪些要点？

项目四

家鱼人工繁殖

知识目标

1. 了解我国四大家鱼人工繁殖技术研发背景和过程。
2. 熟知家鱼性腺发育变化规律。
3. 熟悉当前渔用催产剂的种类及特点。
4. 熟悉家鱼催产设施种类及使用方法。
5. 熟知家鱼精卵采集方法及人工授精过程。
6. 熟悉家鱼受精卵孵化设施种类及结构。

能力目标

1. 能根据家鱼性腺发育变化规律正确进行亲鱼培育。
2. 能正确选择催产剂和配制催产剂，并能对家鱼进行注射催产。
3. 能正确对催产亲鱼进行管理，并科学分析催产效果。
4. 能正确对家鱼进行人工授精操作。
5. 能正确选择家鱼受精卵孵化设备，并进行孵化管理。

素质目标

1. 继承和发扬家鱼人工繁殖前辈吃苦耐劳、勇登科技高峰的精神。
2. 增强学生知鱼、爱鱼和护鱼的意识。
3. 培养团结协作的团队精神。

新中国成立后，为了解决人民吃“肉”难的问题，国家大力发展渔业生产，池塘养鱼生产区域广、养殖面积大，鱼苗需求量逐年增加。青草鲢鳙俗称“四大家鱼”，是世界优良的鱼类养殖品种，在人工繁殖成功以前，养殖鱼苗完全靠捕捞江河野生鱼苗获得，野生鱼苗具有数量有限、资源供应不稳定的特点，严重阻碍了渔业生产发展。

人工繁殖鱼苗的理想，很早就已经引起世界渔业科学家的重视。20 世纪 50 年代初，日本、苏联的许多科研机构，对草鱼、鲢鱼进行驯养试验，强调要解决池养中的繁殖问题，主要通过催产素的注射开展人繁实验，但都没有成功。因此国外很多鱼类繁殖专家得出结论：中国家鱼的“性腺是不能在池养中成熟的”，家鱼人工繁殖被认为是世界难题。

以钟麟先生（图 4-1）为代表的老一辈水产工作者，积极响应党和国家号召，解决家鱼人工繁殖的问题。钟麟先生带领团队对家鱼的生殖生理、繁殖习性和自然生态进行深入细致的研究，足迹踏遍西江及其支流郁江、柳江等地的产卵场，掌握了大量的科学资料，得出家鱼在自然水域中产卵繁殖是一种“反射性的性活动”的科学结论。在繁殖季节，雌鱼卵巢发育到成熟前期（即Ⅳ期），卵母细胞不再继续发育，处于待机状态。而在江河自然状态中，每当春夏之交的“清明”“谷雨”开始，亲鱼成群结队溯河到产卵场，适逢产卵场附近或上游地区降雨量激增，江水突然上涨，流速加快，形成急湍漩涡水流。这些大自然生态环境，刺激亲鱼中枢神经和下丘脑，分泌促性腺激素，释放激素，进而触发垂体间叶细胞合成和分泌促性腺激素，使雌雄鱼性腺的精子和卵子迅速发育成熟，完成产卵和排精过程。受精卵随水流动，经二十多个小时孵化成仔鱼。而池养家鱼因为不具备自然界综合生态条件刺激，亲鱼不能完成生殖内分泌的生理过程，也就不能在池塘里产卵繁殖。经历数年艰辛，钟麟先生和他的团队终于取得了成功。

图 4-1　家鱼人工繁殖之父钟麟先生

根据初步研究成果，钟麟先生运用生态学和生理学原理，指导课题组采用模拟生态方法，适时施加流水刺激，科学地培育亲鱼，使池养鲢、鳙鱼亲鱼充分发育成熟，首先推翻了亲鱼不能在池养中成熟的“定论”。继而结合注射催产激素，模拟自然繁殖时所需外源生态条件，施加新鲜流水和异性亲鱼的刺激，诱使亲鱼产卵排精。采用这个科学方法，1958 年 6 月 4 日终于取得成功，1 万尾鲢鱼和 2 万尾鳙鱼全人工繁殖仔鱼诞生了，鱼类养殖业正式开启了种苗人工可控制生产的新时代。

家鱼人工繁殖成功，是我国水产业的重大科技成果，在国际上也产生了巨大影响。这项成果的迅速推广，解决了长期以来依赖天然鱼苗的被动局面，可以根据需要来安排鱼苗生产，彻底解决了鱼类养殖业种苗需求这个根本问题，使我国水产养殖业进入新的可控制时代，其意义巨大而深远。

任务一　亲鱼培育

一、家鱼基本生物学特性

（一）青鱼

青鱼属鲤形目鲤科雅罗鱼亚科青鱼属，俗称黑鲩、青鲩、螺蛳青。

青鱼体呈圆筒形。腹部平圆，无腹棱。尾部稍侧扁。吻钝，但较草鱼尖突。上颌骨后端伸达眼前缘下方。眼间隔约为眼径的 3.5 倍。鳃耙 15～21 个，短小，乳突状。咽齿一行，4(5)/5(4)，左右一般不对称，齿面宽大，臼状。鳞大，圆形。侧线鳞 39～45。体青黑色，背部更深；各鳍灰黑色，偶鳍尤深。背鳍软条 7～9 枚，臀鳍软条 8～10 枚，体长可达 122 cm(图 4-2)。

图 4-2　青鱼

青鱼习性不活泼，通常栖息在水的中下层，食物以螺、蚌、蚬、蛤等为主，也捕食虾和昆虫幼虫。在鱼苗阶段，主要以浮游动物为食。青鱼生长迅速，个体较大，成鱼的最大个体可达 70 kg。

青鱼栖息的水层很低，一般不游近水面。多集中在食物丰富的江河弯道或在沿江湖泊中摄食肥育，在深水处越冬。行动有力，不易捕捉。耗氧状况与草鱼接近，水中溶解氧量低于 1.6 mg/L 时呼吸受到抑制，低至 0.6 mg/L 时开始出现窒息死亡。在 0.5～40 ℃水温范围内都能存活。

亲鱼的最适温度为 22～28 ℃。喜微碱性清瘦水质。主要摄食螺、蚬、幼蚌等贝类，兼食少量水生昆虫和节肢动物。日摄食量通常为体重的 4%左右，环境条件适宜时可达 6%～7%。仔鱼体长 7～9 mm 时进入混合性营养期，此时一边继续利用自身的卵黄，一边开始摄食轮虫和无节幼虫；体长 10～12 mm 时，摄食枝角类、桡足类和摇蚊幼虫；体长达 30 mm 左右时食性渐渐分化，开始摄食小螺类。亲鱼生长快，2～3 冬龄可达 3～5 kg，最大个体可达 70 kg，长江中常见的个体重 15～20 kg。性成熟为 4～5 龄。4—7 月在江河干流流速较高的场所繁殖，生殖后常集中于江河湾道及通江湖泊中肥育，冬季在深水处越冬。

长江青鱼首次成熟的年龄为 3～6 龄，一般为 4～5 龄，雄鱼提早 1～2 龄。雌鱼成熟个体一般长约 1 m，重约 15 kg。雄鱼成熟个体一般长约 900 mm，重约 11 kg。繁殖季节为 5—7 月。江河水的一般性上涨即能刺激其产卵。产卵活动较分散，延续时间较长。产卵场分布于长江流域重庆至道士袱江段，支流汉水、湘江中也有，但规模不大。绝对怀卵量每千克体重平均为 10 万粒(成熟系数 14%左右)；经人工催产每千克体重约可获卵 5 万粒。卵漂流性，卵膜透明，卵径 1.5～1.7 mm，吸水膨胀后可达 5.0～7.0 mm。精子排入淡水后一般只在 1 min 内具有受精能力。胚胎发育适温 18～30 ℃，最适温度 26 ℃左右，低于 17 ℃或高于 30 ℃就会引起发育停滞或畸形，水温为 21～24 ℃时约 35 h 孵出仔鱼。初孵仔鱼淡黄色，长 6.4～7.4 mm，略弯曲。青鱼苗在卵黄囊消失和鳔出现后，其头、背呈现“垲”状黑色花纹。生殖期间，雄鱼的胸鳍内侧、鳃盖及头部出现珠星，雌鱼的胸鳍则光滑无珠星。

青鱼在"四大家鱼"中生长最快。江西湖口青鱼生长以1～4龄最快，5～6龄时平均每年增重3.7 kg以上。雄鱼年增重比雌鱼平均少1 kg左右。

(二)草鱼

草鱼属鲤形目鲤科雅罗鱼亚科草鱼属。草鱼的俗称有鲩、油鲩、草鲩、白鲩、草根(东北)、混子、黑青鱼等。体略呈圆筒形，头部稍平扁，尾部侧扁；口呈弧形，无须；上颌略长于下颌；体呈浅茶黄色，背部青灰，腹部灰白，胸、腹鳍略带灰黄，其他各鳍浅灰色(图4-3)，为我国平原地区的特有鱼类。栖息于平原地区的江河湖泊，一般喜居于水的中下层和近岸多水草区域。性活泼，游泳迅速，常成群觅食，为典型的草食性鱼类。在干流或湖泊的深水处越冬。生殖季节亲鱼有溯游习性。

图4-3　草鱼

草鱼一般喜栖居于江河、湖泊等水域的中、下层和近岸多水草区域，具有河湖洄游习性，性成熟个体在江河中产卵，产卵后的亲鱼和幼鱼进入支流及通江湖泊中，通常在被水淹没的浅滩草地和泛水区域以及干支流附属水体(湖泊、小河、港道等水草丛生地带)摄食育肥。冬季则在干流或湖泊的深水处越冬。草鱼性情活泼，游泳迅速，常成群觅食，性贪食，为典型的草食性鱼类。其鱼苗阶段摄食浮游动物，幼鱼期兼食昆虫、蚯蚓、藻类和浮萍等，体长约达10 cm以上时，完全摄食水生高等植物，其中尤以禾本科植物为多。草鱼摄食的植物种类会随着生活环境中食物的基础状况而有所变化。草鱼和其他几种家鱼的生殖情况相似，在自然条件下不能在静水中产卵。江河干流的河流汇合处、河曲一侧的深槽水域、两岸突然紧缩的江段为适宜的产卵场所。生殖季节和鲢相近，较青鱼和鳙稍早。生殖期为4—7月，比较集中在5月。一般江水上涨来得早且猛，水温又能稳定在18 ℃左右时，草鱼产卵即具规模。草鱼的生殖习性和其他家鱼相似，达到成熟年龄的草鱼卵巢，在整个冬季(12月至翌年2月)以Ⅲ期发育期阶段越冬；在3—4月水温上升到15 ℃左右时，卵巢中的Ⅲ期卵母细胞很快发育到Ⅳ期，并开始生殖洄游，在溯游过程中完成由Ⅳ期到Ⅴ期的发育，在它溯游的行程中如遇到适宜产卵的水文条件刺激时，即行产卵。通常产卵是在水层中进行，鱼体不浮露水面，俗称"闷产"；但遇到良好的生殖生态条件，如水位陡涨并伴有雷、暴雨时，雌、雄鱼在水的上层追逐，出现仰腹颤抖的"浮排"现象。卵受精后，因卵膜吸水膨胀，卵径可达5 mm上下，顺水漂流，在20 ℃左右发育最佳，30～40 h孵出鱼苗。

草鱼生长迅速，就整个生长过程而言，体长增长最迅速时期为1～2龄，体重增长则以2～3龄最为迅速。当4龄鱼达性成熟后，增长显著减慢。1冬龄鱼体长为340 mm左右，体重为750 g左右；2冬龄鱼体长约为600 mm，体重为3.5 kg；3冬龄鱼体长为680 mm左右，体重约5 kg；4冬龄鱼体长为740 mm左右，体重为7 kg；5冬龄鱼体可达780 mm左右，体重为7.5 kg；最大个体可达35 kg左右。

(三)鲢鱼

鲢鱼属于鲤形目鲤科，又叫白鲢、水鲢、跳鲢、鲢子，是著名的四大家鱼之一(图 4-4)。体形侧扁、稍高，呈纺锤形，背部青灰色，两侧及腹部白色。头较大。眼睛位置很低。鳞片细小。腹部正中角质棱自胸鳍下方直延达肛门。胸鳍不超过腹鳍基部。各鳍色灰白。鲢鱼是典型的滤食性鱼类，在鱼苗阶段主要吃浮游动物，长达 1.5 cm 以上时逐渐转为吃浮游植物，亦吃豆浆、豆渣粉、麸皮和米糠等，更喜吃人工微颗粒配合饲料。适宜在肥水中养殖。肠管长度为体长的 6～10 倍。

图 4-4 鲢鱼

鲢鱼的性成熟年龄较草鱼早 1～2 年。成熟个体也较小，一般 3 kg 以上的雌鱼便可达到成熟。5 kg 左右的雌鱼相对怀卵量每千克体重 4 万～5 万粒，绝对怀卵量 20 万～25 万粒。卵漂浮性。产卵期与草鱼相近。在天然河流中可体重达 30～40 kg。在池养条件下，如果饵料充足的话，1 龄鱼可达到 0.8 kg 上下。

鲢鱼属中上层鱼。春、夏、秋三季，绝大多数时间在水域的中上层游动觅食，冬季则潜至深水越冬，属于典型的滤食性鱼类。鲢鱼终生以浮游生物为食，在鱼苗阶段主要吃浮游动物，长达 1.5 cm 以上时逐渐转为吃浮游植物，并喜吃草鱼的粪便和投放的鸡、牛粪，也吃豆浆、豆渣粉、麸皮和米糠等，更喜吃人工微颗粒配合饲料。对酸味食物感兴趣，对糟食也很有胃口。鲢鱼的饵食有明显的季节性。春秋除浮游生物外，还大量地吃腐屑类饵料；夏季水位越低，其摄食量越大；冬季越冬少吃少动。适宜在肥水中养殖。肠管长度为体长的 6～10 倍。食欲与水温成正比。鲢鱼喜高温，最适宜的水温为 23～32 ℃。炎热的夏季，鲢鱼的食欲最旺盛。在北方 7—8 月是钓鲢鱼的好时机，秋分以后，天气渐凉，鲢鱼食欲有所降低，就难以钓到了。鲢鱼性情活泼，喜欢跳跃，有逆流而上的习性，但行动不是很敏捷，比较笨拙。鲢鱼喜肥水，个体相仿者常常聚集群游至水域的中上层，特别是水质较肥的明水区。鲢鱼胆子小怕惊扰，当受到惊扰或碰到网线时，便纷纷跳出水面越网而逃。生长速度快、产量高。鲢鱼的性成熟年龄较草鱼早 1～2 年。成熟个体也较小，一般 3 kg 以上的雌鱼便可达到成熟。5 kg 左右的雌鱼相对怀卵量每千克体重 4 万～5 万粒，每年 4—5 月产卵，绝对怀卵量 20 万～25 万粒。卵漂浮性。产卵期与草鱼相近。在池养条件下，如果饵料充足，当年鱼可长到 500～800 g，3 龄鱼体重可达 3～4 kg，在天然河流中体重可达 30～40 kg。鲢鱼耐低氧能力极差，水中缺氧会马上浮头，有的很快便死亡。

(四)鳙鱼

鳙鱼属鲤形目鲤科(图 4-5)，是四大家鱼之一，又叫花鲢、胖头鱼、包头鱼、大头鱼、黑鲢(还有的地方叫麻鲢)。外形似鲢，侧扁，是淡水鱼的一种。头部大而宽，头长约为体长的 1/3。口亦宽大，稍上翘，眼位低。鳃孔较大，鳃盖膜发达。鳞细而密。背部黑色，体侧深褐色带有黑色或黄色花斑。腹部灰白。各鳍浅灰。从腹鳍基部至肛门之间具有角质腹棱。胸鳍较长，其后缘超过腹鳍基部。肠管长度为体长的 5～7 倍。

图 4-5　鳙鱼

鳙鱼性温驯，不爱跳跃，生活在水体中层，是滤食性鱼类，主要吃轮虫、枝角类、桡足类（如剑水蚤）等浮游动物，也吃部分浮游植物（如硅藻和蓝藻类）和人工饲料。

鳙鱼的生长速度比鲢鱼快，在天然河流和湖泊等水体中，通常可见到 10 kg 以上的个体，最大者可达 50 kg。适宜在肥水池塘养殖。在饲料充足的条件下，1 龄鱼可重达 0.8～1 kg。性成熟年龄与草鱼相同或稍早。初成熟个体重在大部分地区需 10 kg 以上，但在两广地区（广西、广东），通常不足 10 kg 的亲鱼也可产卵。催产季节多在 5 月初至 6 月中旬，其他繁殖生态条件大致与鲢鱼相同。鳙鱼是胖头鱼的学名，又称鲢鳙，中国著名四大家鱼之一。此鱼鱼头大而肥，肉质雪白细嫩，是鱼头火锅的首选，鱼头大，占体长的 1/3，体侧发黑且有花斑，眼位较低。鱼脑营养丰富，其中含有一种人体所需的鱼油，而鱼油中富含多不饱和脂肪酸，这是一种人类必需的营养素，可以起到维持、提高、改善大脑机能的作用。另外，鱼鳃下边的肉呈透明的胶状，里面富含胶原蛋白，能够对抗人体老化及修补身体细胞组织，水分充足，口感很好。

二、家鱼性腺发育基本规律

（一）卵子的发生与性质

卵子的发生需经过 3 个时期：卵原细胞的繁殖期、生长期和成熟期。

（1）繁殖期　卵原细胞有丝分裂，细胞数目不断增加，卵细胞为第Ⅰ时相卵原细胞，以第Ⅰ时相卵原细胞为主的卵巢即称第Ⅰ期卵巢。

（2）生长期　生长期分小生长期和大生长期。小生长期初级卵母细胞原生质不断增加，也称“原生质生长期”，到卵膜外面长出单层滤泡上皮细胞即结束。为第Ⅱ时相初级卵母细胞（第Ⅱ期卵巢）。大生长期的最大特征是卵黄的积累，为第Ⅲ时相初级卵母细胞（第Ⅲ期卵巢）。

（3）成熟期　成熟期分生长成熟和生理成熟。生长成熟是指初级卵母细胞大生长期结束后，其体积不再增大，卵核发生成熟变化。主要特征为细胞核极化，核膜溶解，处于这种状态的Ⅳ期末的卵母细胞，称为生长成熟。即亲鱼性腺已发育到第Ⅳ期能够进行催产。生理成熟是指发育到生长成熟的卵细胞，在内源或外源促性腺激素的刺激下，进行两次成熟分裂，即减数分裂。在此过程中，初级卵母细胞成熟分裂放出第一极体，紧接着成熟卵母细胞又开始进行第二次成熟分裂，并停留在分裂中期，等待受精。生理成熟阶段，卵细胞的滤泡膜破裂，从固着状态的初级卵母细胞向流动状态的成熟卵母细胞过渡，即成熟卵母细胞从滤泡中解脱出来，成为游离的成熟卵子，这就是通常所称的排卵。在适宜的生态生理条件下，进一步从卵巢腔内向体外产出，此过程称为产卵。可见生理成熟需完成排卵和产卵两个过程。

(二)精子的发生与性质

精子的发生需经过 4 个时期，分别是繁殖期、生长期、成熟期和变态期。

繁殖期由原始生殖细胞经过无数次有丝分裂，形成数目很多的精原细胞。生长期细胞停止分裂，快速生长，形成初级精母细胞。成熟期初级精母细胞同源染色体配对进行二次成熟分裂。第一次分裂为减数分裂，成为 2 个次级精母细胞(单倍体)；第二次分裂为有丝分裂，每个次级精母细胞各形成 2 个精子细胞。变态期精子细胞经过一系列复杂的过程变成精子。精子由头、颈、尾 3 部分组成，形体小，能运动，头部是激发卵子和传递遗传物质的部分。有些鱼类精子的前端有顶体结构，又名穿孔器，被认为与精子钻入孔内有关。精子颈部很短，连接头部与尾部。尾部细长，为头的好几倍，是精子运动器官。

(三)卵巢、精巢的形态结构和分期

1. 卵巢的结构和分期

鱼类的卵巢一般位于体腔内鳔的腹面两侧，外面被卵巢膜包裹，卵巢膜同背系膜相连。卵巢有内腔，内壁有突出的横膈皱褶，称产卵板或蓄卵板，为产生卵细胞的地方。

第Ⅰ期卵巢　位于鳔的侧方，紧贴体腔膜上，是一对透明的肉色细丝，外观不能分辨雌雄。鱼类Ⅰ期卵巢终生只出现一次。

第Ⅱ期卵巢　能分辨出雌雄，卵巢扁平透明，肉眼不能分辨卵粒，以第Ⅱ时相卵母细胞为主，也有卵原细胞。四大家鱼的第Ⅱ期卵巢在第一次性周期内由Ⅰ期卵巢发育而来，以后性成熟雌鱼的Ⅱ期卵巢或是由Ⅴ期卵巢产卵后形成或是由Ⅵ期卵巢自然退化形成。

第Ⅲ期卵巢　卵巢膜上出现黑色素，血管密布，肉眼能分辨卵粒。第Ⅲ期卵巢以第Ⅲ时相卵母细胞为主，也有第Ⅱ时相的卵母细胞和第Ⅰ时相的卵母细胞。四大家鱼的Ⅲ期卵巢都是由Ⅱ期卵巢发育而来的，达到性成熟的雌鱼以Ⅲ期卵巢越冬。

第Ⅳ期卵巢　呈长囊状，充满整个腹腔的 1/2 以上。卵巢内以Ⅳ时相的卵母细胞为主。卵内充满卵黄，粒粒饱满，已能分离，呈青灰色。Ⅳ期卵巢又可相对分为 3 个时期：Ⅳ期初，卵核位于正中；Ⅳ期中，核稍偏位；Ⅳ期末，核移向动物极一端。卵生理成熟的标志是卵核偏位和卵黄颗粒充满卵球。

第Ⅴ期卵巢　卵巢松软呈青灰色，卵已从滤泡中游离出来，卵粒透明，粒粒分离，进入卵巢腔(排卵)，处于流动状态。轻压腹部有卵粒从生殖孔中流出。

第Ⅵ期卵巢　产卵后不久或退化吸收的卵巢。卵巢中有过分成熟而未被排出的卵粒。卵巢表面血管萎缩充血，呈紫红色；卵巢松软，体积缩小。

图 4-6 为鲢卵巢组织切片观察。

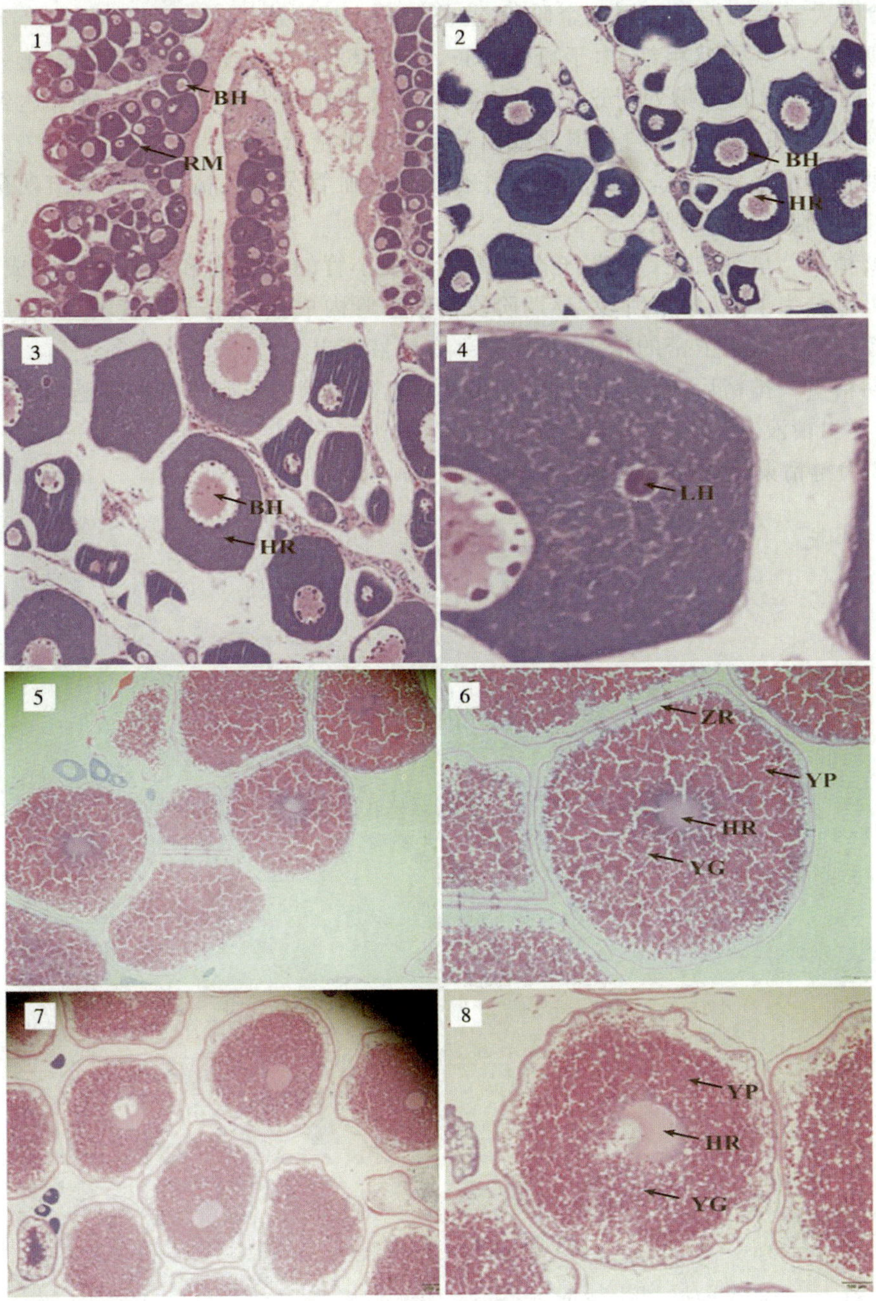

1. 第Ⅱ期卵巢早期(200×) 2. 第Ⅱ期卵巢中期(200×) 3. 第Ⅱ期卵巢晚期(200×) 4. 第Ⅱ期卵巢晚期(200×) 5. 第Ⅳ期卵巢(40×) 6. 第Ⅳ期卵巢(100×) 7. 第Ⅴ期卵巢(40×) 8. 第Ⅴ期卵巢(100×)

RM. 卵母细胞 BH. 细胞核 HR. 核仁 LH. 卵黄核 YG. 卵黄颗粒 YP. 卵黄小板 ZR. 放射带

图 4-6 鲢卵巢组织切片观察

2. 精巢的结构和分期

第Ⅰ期精巢 细线状,透明,肉眼不能分辨雌雄。1龄以内的雄性四大家鱼处于这个阶段,终生只出现一次。

第Ⅱ期精巢 细带状,半透明,肉眼已能分辨出雌雄。精原细胞有丝分裂,精原细胞明显增多。2 龄四大家鱼的精巢均属这个阶段，且终生只出现一次。

第Ⅲ期精巢　筷子状粗细，由于血管分布，外观呈淡红色，表面略有弹性。第一次性周期内，2～3 龄的四大家鱼精巢处于这个阶段，且是由Ⅱ期精巢发育而来的。雄鱼达到性成熟年龄后，Ⅲ期精巢可由Ⅵ期精巢自然退化或由Ⅴ期精巢排精后恢复。

第Ⅳ期精巢　呈乳白色，表面有皱纹并有明显的血管分布。精细小管内出现初级精母细胞、次级精母细胞和精子细胞。

第Ⅴ期精巢　呈乳白色，丰满，充分成熟。精细小管的管腔内和壶腹中充满成熟的精子。Ⅴ期精巢可以分为早、晚两个阶段，早期阶段精细小管内成熟的精子数量较少，晚期阶段精细小管的管腔内则充满了浓密的精子，轻压腹部有精液流出。

第Ⅵ期精巢　排精后，精巢萎缩，呈细带状。精细小管内只剩下精原细胞和少数的初级精母细胞，挤不出精液。

图 4-7 为鲢精巢组织切片观察。

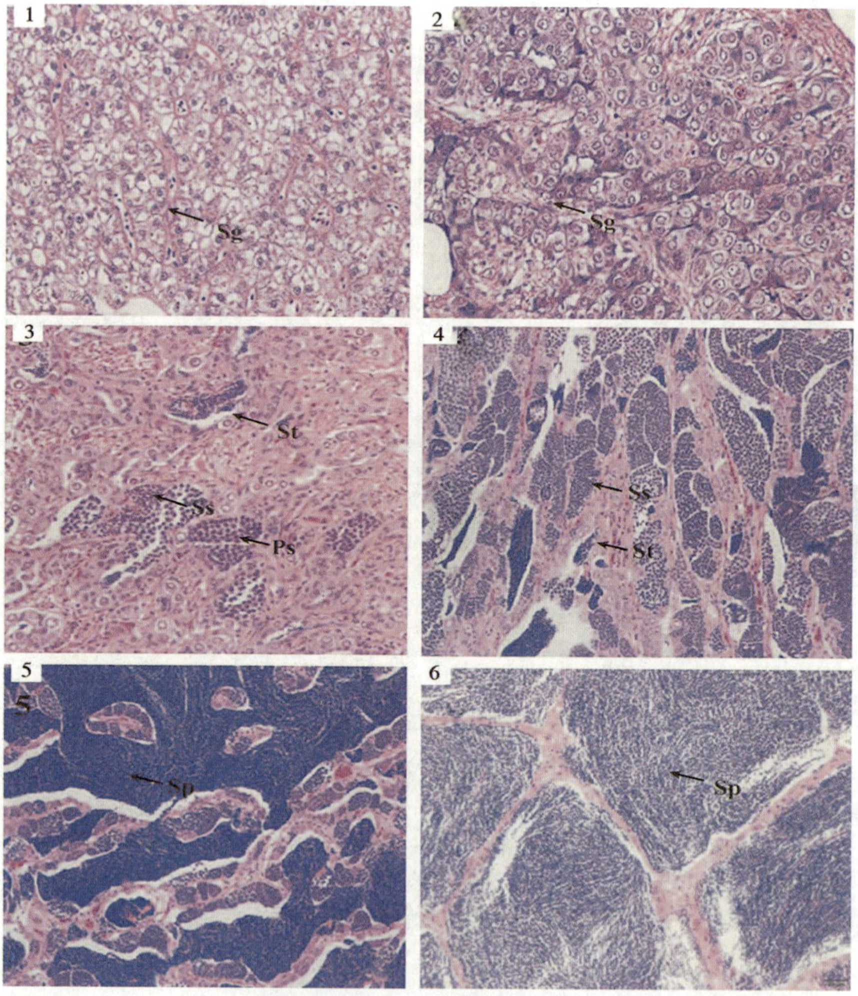

1. 第Ⅱ期精巢(400×)　2. 第Ⅱ期精巢(400×)　3. 第Ⅲ期精巢(200×)　4. 第Ⅳ期精巢早期(200×)
5. 第Ⅳ期精巢晚期(200×)　6. 第Ⅴ期精巢(400×)
Sg. 精原细胞　Ps. 初级精母细胞　Ss. 次级精母细胞　St. 精子细胞　Sp. 精子

图 4-7　鲢精巢组织切片观察(引自罗相忠等，2021)

三、家鱼性腺发育的周期性变化

性周期是指鱼类的性腺成熟随季节的变化而呈规律性周期变化的现象。

鱼类在未成熟之前，没有性周期现象。一般来讲，四大家鱼的性腺一年成熟一次，一年为一个性周期；但在热带或亚热带地区，条件适合，四大家鱼的性腺一年则能成熟 2 次甚至 3 次，性周期相对较短。

开始性周期变化的鱼类（在长江流域），冬季（11 月到翌年 1 月）卵巢处于Ⅱ～Ⅲ期，精巢处于Ⅲ期。春季（2—4 月），卵巢处于Ⅲ～Ⅳ期，精巢处于Ⅳ期。夏季（5—7 月），卵巢进入Ⅴ期，充满大量成熟的卵子，雌鱼腹部膨大，能挤出卵子。精巢也进入Ⅴ期，轻压腹部能流出大量精液，此时是人工催产的极好时机。秋季（8—10 月），卵巢显著萎缩，进入Ⅵ期，老一代卵子已经退化吸收，逐渐出现新生一代的卵子。精巢也显著缩小进入Ⅵ期，精巢中残余的精子已经退化吸收，再进入一个新的周期性循环。

四、繁殖力

繁殖力是指鱼类繁殖的能力。一般受鱼的性成熟年龄、性周期、怀卵量、产卵量及鱼苗的成活率等因素的影响。性成熟早、怀卵量大、产卵量大的鱼一般被认为繁殖力强。

（1）成熟系数　鱼类性腺质量占其体重的百分比（性腺重/鱼体重或去内脏后鱼体重）。

以浙江、湖北等地鳙鱼的成熟系数为例，卵巢成熟系数从 11 月至翌年 1 月最低，2—3 月上升，5—6 月达最高峰（平均为 22%），8 月以后则下降（图 4-8）。雄鱼以 5—6 月为最高峰，7 月以后下降，翌年 2—3 月又上升。根据性腺的发育分期，四大家鱼卵巢的成熟系数，一般第Ⅱ期为 1%～2%；第Ⅲ期 3%～6%；第Ⅳ期为 14%～22%，最高可达 30%以上。精巢成熟系数要小得多，第Ⅳ期一般只有 3%～4.5%。

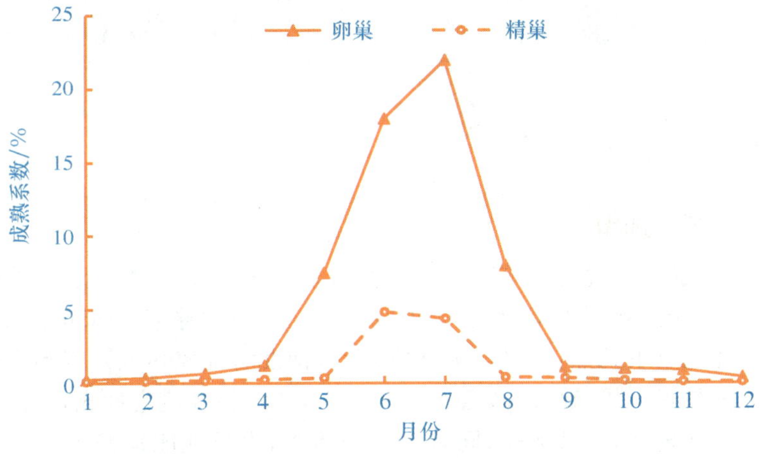

图 4-8　长江宜昌段鳙鱼性腺发育周年变化（引自部星辰，2019）

（2）绝对怀卵量　亲鱼卵巢中的怀卵数称为绝对怀卵量（表 4-1）。

表 4-1 池塘饲养家鱼绝对怀卵量

(引自《鱼类增养殖学》,并稍作整理)

种类	体重/kg	卵巢重/kg	怀卵量/万粒	成熟系数/%
草鱼	13.0	2.11	148.0	16.2
鲢鱼	4.5	0.90	62.7	20.1
鳙鱼	8.6	1.54	107.8	17.8
青鱼	18～25.9	0.92～5.97	65～417.8	14.1

相对怀卵量为绝对怀卵数与体重之比见表 4-2。

表 4-2 池养家鱼怀卵量

(引自《鱼类增养殖学》,并稍作整理)

种类	体重/g	绝对怀卵量/粒	相对怀卵量/粒	成熟系数/%
鲢鱼	4 461	627 629	141	20.1
草鱼	13 000	1 480 000	114	16.2
鳙鱼	8 640	1 078 000	124	17.82
青鱼	18 000～25 900	646 800～4 178 200	36～162	5.1～23

四大家鱼人工繁殖产卵量见表 4-3。

表 4-3 四大家鱼人工繁殖产卵量

(引自《鱼类增养殖学》,并稍作整理)

种类	统计尾数	每克体重最高产卵数/粒	每克体重平均产卵数/粒	测定单位
鲢鱼	50	75.4	51.8	南海所(1962)
鳙鱼	29	77.6	58.8	南海所(1962)
草鱼	76	103	47.7	广东某鱼苗场(1962)
青鱼	27	125	49.3	江苏、上海、福建等地养殖场

五、亲鱼培育

(一)亲鱼的来源与选留

亲鱼的来源一方面可通过池塘培育出来达性成熟的成鱼中选择部分品质较好的个体,另一方面也可从江河、湖泊、水库等天然水体中收集筛选而来。亲鱼是家鱼人工繁殖的物质基础,选留亲鱼时要注意以下几点:一是年龄适宜,我国南北各地家鱼成熟年龄有所差异,南方成熟较早,北方则成熟较迟。雄鱼较雌鱼普遍早熟 1 年,选留初次达到性成熟者。二是选留亲鱼的外观形状典型,体质健壮,无病无伤,同龄鱼中个体大,生长性能良好者。三是亲缘关系远,遗传性状稳定者。四是雌雄比例以 1.0∶(1.0～1.5)为宜。

(二)亲鱼雌雄鉴别

四大家鱼雌雄鉴别的依据主要是从性腺快速发育期亲鱼的外观特征和副性征来判断。在非繁殖季节雌雄区分主要依据胸鳍的形状和长短来鉴别，一般而言，雄鱼的胸鳍狭长，雌鱼胸鳍相对较短而呈扇形；如在鱼类繁殖季节，鉴别雌雄最简单的方法是观察亲鱼的体形，成熟较好的雌鱼腹部明显比雄鱼膨大，雄鱼腹部小，具体鉴别性特征见表 4-4。

表 4-4　家鱼雌雄副性征比较

亲鱼	雄鱼特征	雌鱼特征
鲢鱼	①在胸鳍前面的几根鳍条上，特别在第一鳍条上明显的生有一排骨质的细小栉齿，用手抚摸，有粗糙、刺手感觉。这些栉齿生成后，不会消失。②腹部较小，性成熟时轻压精巢部位有精液从生殖孔流出	①只在胸鳍末梢很小部分才有这些栉齿，其余部分比较光滑。②腹部大而柔软，泄殖孔常稍突出，有时微带红润
鳙鱼	①在胸鳍前面的几根鳍条上缘各生有向后倾斜的锋口，用手向前抚摸有割手感觉。②腹部较小，性成熟时轻压精巢部位有精液从生殖孔流出	①胸鳍光滑，无割手感觉。②腹部膨大柔软，泄殖孔常稍突出，有时稍带红润
草鱼	①胸鳍鳍条较粗大而狭长，自然张开呈尖刀形。②在生殖季节性腺发育良好时，胸鳍内侧及鳃盖上出现追星，用手抚摸有粗糙感觉。③性成熟时轻压精巢部位有精液从生殖孔流出	①胸鳍鳍条较细短，自然张开略呈扇形。②一般无追星，或在胸鳍上有少量追星。③腹部比雄体膨大而柔软，但比鲢、鳙雌体小
青鱼	基本同草鱼。在生殖季节性腺发育良好时除胸鳍内侧及鳃盖上出现追星外，头部也明显出现追星	胸鳍光滑，无追星

(三)成熟年龄与体重

我国幅员辽阔，南北各地家鱼年龄相差甚远，一般南方成熟较早，个体较小，北方成熟较晚，个体较大。不论南北方，雄鱼较雌鱼要早成熟 1 年(表 4-5)。

表 4-5　我国主要地区家鱼性成熟年龄

(引自《鱼类增养殖学》，并稍作整理)

种类	华南(粤、桂)		华东(江、浙、湘、鄂)		东北(黑)	
	年龄/龄	体重/kg	年龄/龄	体重/kg	年龄/龄	体重/kg
鲢鱼	2～3	2 左右	3～4	3 左右	5～6	5 左右
鳙鱼	3～4	5 左右	4～5	7 左右	6～7	10 左右
草鱼	4～5	4 左右	4～5	5 左右	6～7	6 左右
青鱼			7	15 左右		

亲鱼体重除与年龄有关外，还与生活水体及饵料丰富程度有关，一般生活在江河、湖泊中的亲鱼个体要比生活在池塘中的大，饵料丰富时鱼类个体大。

(四)亲鱼培育方法

1. 亲鱼的放养密度

每公顷池塘放养亲鱼总重量控制在 2 000～4 000 kg 为宜。雌雄比例最好为 1∶1.5，不应低于 1∶1。亲鱼池塘一般主养一种亲鱼，套养 2～3 种后备亲鱼。为了充分利用水体空间和一些野杂鱼，还可在池中放养少量凶猛鱼类或鳖等特种水产品进行混养。

2. 鲢鱼、鳙鱼亲鱼的培育

(1)施肥投饲　清塘后应施基肥，一般池塘夏季可施粪肥 3 000～5 000 kg/hm^2，冬季可施 10 000 kg/hm^{2}左右。培育过程一般平均每月施农家肥 10 000～15 000 kg/hm^2。在冬季和产前可投饲适量蛋白质较丰富的糊状饲料，每年每尾亲鱼投 10～20 kg。产后培育阶段应看水施肥，少施、勤施、分散施肥，同时多加、勤加新水，维持“大水、小肥”状态。秋季培育中应加大施肥量，使池水转浓，培育大量的浮游生物供鲢鱼、鳙鱼摄食，入冬后可投喂适量的糊状饲料，此期用“大水、大肥”培育。春季培育初期宜将池水维持在 1 m 左右，施肥量可增加，采用堆肥和泼洒相结合的施肥方法，每 1～3 d 泼洒 1 次，并投饲适量的糊状饲料，以利于性腺的生长。此期可概括为“小水、大肥”，加强投喂的培育特点。催产前后 15～20 d 为产前培育阶段，施肥量减少，或者不施肥，加强冲水，保持较高水位，即采用“大水、不肥”加强冲水的培育方法。

(2)冲水管理　春季和产前冲水的目的除改善水质外，流水刺激还可促进性腺发育。一般开春后每月冲水 2～3 次，每次 2～4 h，随气温回升逐渐增加冲水次数，鲢鱼催产前 15～20 d 要经常冲水，鳙鱼可适当少些。

3. 草鱼亲鱼的培育

在产后和夏、秋季水温较高时，每天 8:00—10:00 投喂青绿饲料，如牧草类、水草、蔬菜等，至 16:00—17:00 吃完为度；同时下午投喂适量的能量饲料和蛋白质饲料，如大麦、小麦、豆饼、花生饼粕等，投饲量占体重的 1%～2%为宜。秋末冬初水温低时，青绿饲料较缺乏，一般投饲少量的能量饲料，日投饲率为 0.25%～0.3%，每隔 2～3 d 投饲 1 次；冬季水温低，可选择晴好天气适量投饲。春季投饲，做到及早投饲青绿饲料，辅以豆饼、大豆等蛋白质进行饲喂，从 3 月开始增喂麦芽。控制青绿饲料与蛋白质饲料的比例，两者比例控制在(15～20):1为宜，随水温的回升，逐渐加大青绿饲料的投饲量，减少大豆、豆饼等的数量，在临近催产时，草亲鱼的摄食量会明显减少，可以停食。

草亲鱼需良好的水质条件，才利于性腺的发育。开春后换去一半池水，加注新水，保持 1.5 m 左右水深，以利于水温的回升，随水温的升高和催产期的临近，冲水次数需增加，由 3～5 d 冲水 1 次，可增加到每天 1 次。

4. 青鱼亲鱼的培育

培育青鱼亲鱼时，需投喂数量充足的螺、蚬和蚌肉等动物性饲料，辅以少量的饼粕类饲料，做到四季不断食，吃饱为度。

任务二　渔用牧草栽培

目前在养鱼过程中应用较多的渔用牧草是黑麦草和苏丹草。

一、黑麦草

(一)基本生物学特性

黑麦草为禾本科黑麦草属，在春、秋季生长繁茂，草质柔嫩多汁，适口性好，是草鱼、团头鲂等草食性鱼类的好饲料(图 4-9)。供草期为 10 月至次年 5 月，夏天不能生长。株高 70～

100 cm，有时可达 1 m 以上。茎秆丛生，质地较软。叶在芽中呈折叠状，叶鞘光滑，叶耳细小，叶舌短而不明显。穗状花序，小穗含小花 6～11 朵，无外颖。无芒，内稃与外稃等长。种子千粒重 1.5～2.0 g。多花黑麦草在 13 世纪前栽培于意大利北部，故又称意大利黑麦草。植株较粗壮，叶较阔而长，在芽中呈卷曲状，叶耳大而明显，小穗含小花较多，有芒。黑麦草含粗蛋白 4.93%，粗脂肪 1.06%，无氮浸出物 4.57%，钙 0.075%，磷 0.07%。其中粗蛋白、粗脂肪比本地杂草含量高出 3 倍。

图 4-9　黑麦草

黑麦草须根发达，但入土不深，丛生，分蘖很多。黑麦草喜温暖湿润土壤，适宜土壤 pH 为 6～7。该草在昼夜温度为 12～27 ℃时再生能力强，光照强，日照短，温度较低对分蘖有利，遮阳对黑麦草生长不利。黑麦草耐湿，但在排水不良或地下水位过高时不利于黑麦草生长，可在短时间内提供较多青饲料，是春秋冬季草鱼的良好牧草资源。

(二)种植要点

黑麦草为四倍体一年生黑麦草，具有抗寒性好、不易倒伏、发芽快、再生迅速和高产的特点，苗期生长非常旺盛，播种 45 d 后即可收割第一茬鲜草，以后每隔 15 d 就可刈割 1 次。在海拔 1 800 m 以下地区适宜在水稻收获后播种，到翌年种植水稻的 5～6 个月时间里亩产鲜草 7 000 kg 以上；中海拔地区（1 800～2 100 m），夏秋均可播种，长年刈割利用，年产量可达 20 000 kg 以上。

特高黑麦草柔嫩多汁，为草食性鱼类所喜食，采食率在 95%以上。在营养生长期收割，干物质中的粗蛋白质含量在 20%以上，而且富含多种矿物质和微量元素。据农业农村部提供的资料显示，18 kg 鲜草可生产 1 kg 活鱼。特高黑麦草能增肥地力，促进后作生长。据中山大学杨忠艺教授试验，在冬闲田种植多花黑麦草还可培肥地力，使土壤有机质增加 27.1%，速效氮、磷、钾的含量分别增加 11%、25.5%和 57.2%，土壤微生物总量增加 38%，对后作水稻的分蘖、株高、穗长、千粒重都有显著促进作用，平均单产可提高 10%。

(三)栽培管理技术

(1)播种时间　特高黑麦草喜欢温暖湿润的气候，种子适宜的发芽温度为 13～20 ℃，低于 5 ℃或高于 35 ℃时发芽困难。在 2—11 月都可种植，最佳种植时间是 4 月初到 5 月中旬和 6 月中旬到 7 月底。

(2)播种方法　特高黑麦草的播种方法有 2 种，即免耕播种和翻耕播种。这两种播种方法的产量比约为 0.9∶1.1。播种方式有 3 种，即条播、撒播和塘播，但为了获得高产优质的牧草，以条播最为理想。其方法是：①施基肥。田地翻犁前施足底肥（厩肥）每亩不少于 2 t，可适当再施复合肥（或尿素）每亩 10～15 kg。②整地。翻犁耙细平整后，按幅宽 1.5 m 或 2 m 拉线开墒。③播种。墒面平整后，以行距 25 cm，播幅 5 cm，每亩 0.8～1 kg 种子播种。④拌种。播前每亩用 50 kg 普钙和草种拌匀后拉线播种，以保证条播的质量和土壤肥力。⑤浸种。播种前可浸泡种子 5～8 h，待表皮水分晾干后进行播种，播种后用钉耙轻耙让种子和土壤充分接触，利于种子发芽和幼苗生长，水利条件较差的地区最好采用播后覆土 1～1.5 cm，这样有利于种子发芽和增强抗旱能力。⑥灌溉。播种结束后进行灌溉，灌溉时水要慢灌浸墒，灌溉不能漫墒，以防种子被水冲走。

(3)田间管理　特高黑麦草的特点是喜湿又怕水浸渍，因此田间管理应紧紧围绕浇水、施肥这两个环节。播种前要施足基肥，有条件的农户出苗后在三叶期或分蘖期每亩追施 5～10 kg 尿素或复合肥以壮苗。每次割草后根据长势每亩追施 10～15 kg 尿素或复合肥，并在割草后 3～5 d 进行(以免灼伤草茬、草尖，引起腐烂)，追肥后要及时进行灌溉。田间有积水则要及时排出以免发生烂根病。

(4)收割利用　播种 45～50 d 后即可割第一次草，第一次割草时无论其长势好坏均必须刈割，留茬不能低于 3 cm，以利分蘖。以后视牧草长势情况，每隔 20～30 d 割草 1 次。如果用于喂牛、羊等草食动物，应长至拔节期收割，以提高可利用干物质含量。由于特高黑麦草的水分含量较高，如发现有“拉稀”现象，应多喂粗纤维含量较高的干草(如稻草、蚕豆秆等)，也可采取提前一天收割，摊开晾晒萎蔫后利用，即可避免。为不影响后作水稻生产，在插秧前 15 d 收割以后翻犁放水沤田，每亩撒石灰 15～20 kg，以加速草根的分解腐烂(应作田间消毒)。

(5)病虫防治　出苗后主要有地老虎和蛴螬等危害牧草。可用敌百虫、百树得等相关药物在天黑前喷雾防治，地老虎可采用灌水方式进行防治。

二、苏丹草

(一)基本生物学特性

苏丹草喜温暖(图 4-10)，不耐寒，种子发芽最低温度 8 ℃，最适温度为 20～25 ℃；幼苗遇低于 3 ℃的温度即受冻害或完全冻死。成株在低于 12 ℃时生长变慢。根系强大，入土很深，能利用土壤深层的水分和营养。抗旱能力极强，在降雨量仅 250 mm 地区种植仍可获得较高产量。对土壤要求不严，一般土壤均可种植，但不宜种植在沼泽土和流沙地上。对水肥反应良好。要获高产，必须施肥灌水。对其后作，也要多施肥料保证丰产。苏丹草宜在晚霜后播种。生育期 100～120 d。进入分蘖期后的整个生育过程中能不断分蘖，而且从分蘖开始，生长速度加快，一昼夜生长 5～10 cm。这期间施肥灌水可获高产。

图 4-10　苏丹草

(二)栽培技术

苏丹草根系发达，株体生长旺盛，需要从土壤中吸取大量的营养，因而整地要求深翻，并施足底肥，每亩施有机肥料 1 500～2 000 kg。在晚霜过后地表温度达 12～14 ℃时即可开始下种。为保证长夏绿饲草不断线，可每隔 20～25 d 播种一次。苏丹草种子田间发芽率低，收草田每亩播种量为 2.5～3.0 kg，收种田可减半。宜条播，收草行距 30～40 cm，收种行距 50 cm。一般覆土深度 4～5 cm，土壤墒情差时可深达 6 cm。苗期易受杂草危害，要注意中耕除草。每次刈割后，都应灌溉和追施速效氮肥。青饲或青贮以孕穗至乳熟期为宜。调制干草以抽穗期为宜。刈割留茬 6～10 cm，以利再生，收种子宜在主茎的种子成熟时进行。如果等到分枝上的种子成熟才收种子，则主茎上价值最高的种子早已脱落。种子成熟时穗色变黄且干燥，种粒有光泽，压之有硬感。苏丹草幼苗期含氰氢酸较高，以后随生长而减少。宜在株高 50～60 cm 时刈割，割后稍加晾晒后饲喂，可避免牲畜中毒。苏丹草种子与其他谷类种子比蛋白质含量高，却因含有单宁，具收敛作用，不宜作精料。但与其他谷实等量混合，仍可饲用。

任务三　催产剂种类选择和配制

一、催产原理

外界综合生态条件，通过亲鱼的感觉器官（视觉、触觉、侧线等）作用于鱼的中枢神经系统，刺激鱼的下丘脑释放促性腺激素释放激素（GnRH），转而触发亲鱼的脑垂体分泌大量的促性腺激素（GTH），这些激素经血液循环到达鱼的性腺，性腺受到激素作用后，迅速发育成熟，开始排卵。与此同时，性腺分泌性激素，促使亲鱼发育而进入性活动——产卵、排精（图 4-11）。

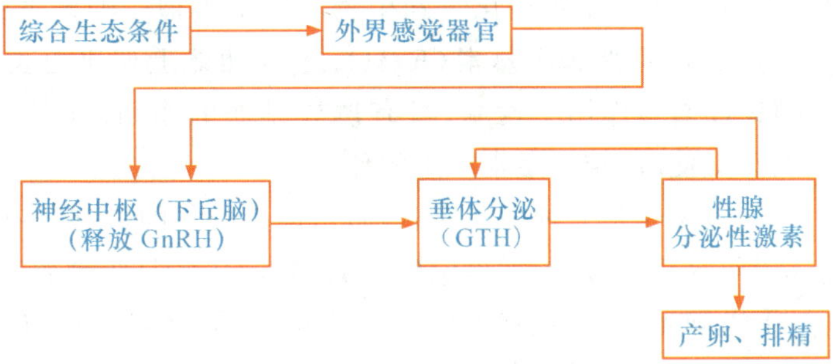

图 4-11　家鱼繁殖原理

在池塘等静水水体中，达到性成熟的四大家鱼亲鱼，只有雄鱼的性腺能正常发育，并产生成熟的精子。而雌鱼的性腺虽然能发育到第Ⅳ期，但不能向第Ⅴ期过渡进而产卵繁殖后代。

根据上述情况，可采用生理、生态相结合的方法促使家鱼在池塘中排卵、产卵，即对鱼体直接注射垂体制剂或 HCG，代替鱼体自身分泌 GTH 的作用，或者将人工合成的 LRH 或 LRH-A 注入鱼体代替鱼类自身的下丘脑释放的 GnRH 的作用，由它来触发垂体分泌 GTH。总之，对鱼类注射催产剂取代了家鱼繁殖时所需要的那些外界综合生态条件，而仅保留影响其新陈代谢所必需的生态条件（如水温、溶解氧等），从而促使亲鱼性腺发育成熟，排卵和产卵。

二、催产剂种类

（一）脑垂体

鱼类脑垂体内含多种激素，对鱼类催产最有效的成分是促性腺激素（GTH）。GTH 是一种大分子量的糖蛋白激素，相对分子质量为 30 000 左右。因此如反复使用，也易产生抗药性。但它直接从鱼类中取得，因此对温度变化的敏感性较低。

GTH 含有两种激素（即 FSH 和 LH），它们直接作用于性腺，可以促使鱼类性腺发育；促进性腺成熟、排卵、产卵或排精；并控制性腺分泌性激素。

在采集鱼类脑垂体时，必须考虑以下因素：一是脑垂体中的 GTH 具种的特异性；二是脑垂体中 GTH 的含量，与鱼是否性成熟有关；三是脑垂体中 GTH 的含量和季节密切相关。

因此，摘取鲤、鲫鱼脑垂体的时间通常选择在产卵前的冬季或春季为最好。

成熟雌雄鱼的脑垂体均可用于制作催产剂。脑垂体位于间脑下面的碟骨鞍里，用刀砍去头盖骨，把鱼脑翻过来，即可看到乳白色的脑垂体，用镊子撕破皮膜即可取出。取出的脑垂体应去除黏附在上面的附着物，并浸泡在 20～30 倍体积的丙酮或乙醇中脱水脱脂，过夜后更换同样体积的丙酮或无水乙醇，再经 24 h 后取出，在阴凉通风处彻底吹干，密封干燥，温度 4 ℃下保存。常用鲤鱼的脑垂体制成催产剂。

（二）绒毛膜促性腺激素

HCG 是从 2～4 个月的孕妇尿中提取出来的一种糖蛋白激素，相对分子质量为 36 000。由于它是从人类尿液中提炼而成的，因此它对温度的反应较敏感。它是分子量较大的蛋白质激素，反复使用，易产生抗药性。在物理化学和生物功能上类似于哺乳类的促黄体生成激素（LH）和促滤泡成熟素（FSH），生理功能上似乎更类似于 LH 的活性。HCG 直接作用于性腺，具有诱导排卵的作用；同时也具有促进性腺发育，促使雌、雄性激素产生的作用。

注射用绒促性素使用说明

HCG 是一种白色粉状物，市面上销售的鱼（兽）用 HCG 一般都封装于安瓿瓶中，以国际单位（IU）计量。HCG 易吸潮而变质，因此要在低温干燥避光处保存，临近催产时取出备用。储量不宜过多，以当年用完为好，隔年产品影响催产效果。

（三）促黄体素释放激素及其类似物

哺乳类的下丘脑能分泌一种作用于脑垂体的激素——促黄体素释放激素（LRH），相对分子质量约 1 182，其结构为焦谷-组-色-丝-酪-甘-亮-精-脯-甘酰胺十个氨基酸组成的多肽。目前已成功地人工合成了 LRH，应用于牛、羊、猪等哺乳动物均呈现出很高的生物活性，但对鱼类的催产效果并不理想，用量要高出一般哺乳动物几百倍。虽然有大量的资料表明哺乳类的 LRH 结构与鱼类的 LRH 有相似性，但毕竟有差异。哺乳动物结构的 LRH 对鱼类作用效率低的原因可能有以下两个方面。第一，鱼类下丘脑 LRH 的一级结构与哺乳动物存在差异；第二，LRH 的半衰期很短，这是因为脑中存在破坏 LRH 的可溶性酶系。另外，当 LRH 随血液体内循环时，又会被内脏酶系水解进一步破坏。一旦 LRH 构型被破坏，就会失去活性。由于

LRH 不能在体内久留，从而影响了催产效果。

为了提高 LRH 对鱼类的催产效果，1975 年我国科学工作者对哺乳类结构的 LRH 进行改型，将 LRH 第六位的甘氨酸残基和第十位的甘氨酰胺改变，分别以 *D*-丙氨酸和乙基酰胺取代，成为一个九肽的结构，改为 LRH-A。LRH 通过上述改型后，生物活性提高了数十倍以上，催产效果明显改善。

LRH-A 是一种人工合成的九肽激素，相对分子质量为 1 167。由于它的分子量小，反复使用不会产生抗药性，对温度变化的敏感性较低。由于它的靶器官是脑垂体，即作用于脑垂体，由脑垂体根据自身性腺的发育情况合成和释放适度的 GTH，然后作用于性腺。因此，不易造成难产等现象发生，不仅价格比 HCG 和 PG 便宜，操作简便，而且催产效果大大提高，亲鱼的死亡率也大大下降。

LRH-A 有以下功能：一是刺激脑垂体释放 LH 和 FSH；二是刺激脑垂体合成 LH 和 FSH；三是刺激排卵；四是低剂量的 LRH-A，能激发脑垂体合成和释放 GTH，促使性腺进一步发育成熟。

近年来，我国又在研制 LRH-A 的基础上，研制出 LRH-A_2 和 LRH-A_3。实践证明，LRH-A_2 对促进 FSH（促滤泡成熟激素）和 LH（促黄体生成激素）释放的活性分别高于 LRH-A 12 倍和 16 倍；LRH-A_3 对促进 FSH 和 LH 释放的活性分别高于 LRH-A 21 倍和 13 倍。故 LRH-A_2 的催产效果显著，而且其使用的剂量可比 LRH-A 低 10 倍；LRH-A_3 对促进亲鱼性腺成熟的作用比 LRH-A 好得多。

注射用促黄体素释放激素 A_2 使用说明

注射用促黄体素释放激素 A_3 使用说明

（四）高效催产合剂

高效催产合剂由多巴胺拮抗物（DOM、地欧酮、马来酸地欧酮）与 LRH-A 组成。DOM 能阻断多巴胺对鱼类促性腺激素（GTH）释放和排卵的抑制作用，增强促黄体素释放激素诱导 GTH 释放和排卵的效果，与 LRH-A 联合使用，能有效提高 LRH-A 的催产效果。现在生产中应用较多又高效的是 DOM＋LRH-A 的混合物（复方鲑鱼促性腺激素释放激素类似物）。

注射用多潘立酮注射液使用说明

注射用复方鲑鱼促性腺激素释放激素类似物使用说明

（五）A、B 型混合催产剂

A 型是由 HCG 和适量的 $LRH\text{-}A_2$ 混合而成的，主要用于催产鲢鱼。B 型混合催产剂是由 HCG 和适量的 $LRH\text{-}A_3$ 组成，催产鳙鱼效果较好。

注射用复方绒促性素 A 型（鲢鱼欢）使用说明

注射用复方绒促性素 B 型（鳙鱼欢）使用说明

三、催产剂配制方法

催产剂都要用注射用水（生理盐水或蒸馏水）溶解或制成悬浊液后才能使用。用水量视亲鱼的体重而定，一般四大家鱼每尾雌鱼以 2～5 mL 为宜，雄鱼剂量为同体重雌鱼的 1/2。催产剂应现用现配，以免失效。使用 PG 时，先将脑垂体放在研钵中充分研细，加 0.6%生理盐水制成悬浊液后，才可使用，以防堵塞针眼。配药所用工具以及注射器在使用前都要进行煮沸消毒。

配制药物时，应先将雌雄鱼分别称重，计算各自所需的激素剂量，再根据雌雄鱼尾数计算注射用水体积范围，在体积范围内选择 1 个体积值，使催产剂浓度为整数，最后将催产剂完全溶解到注射用水中混匀即可（图 4-12）。

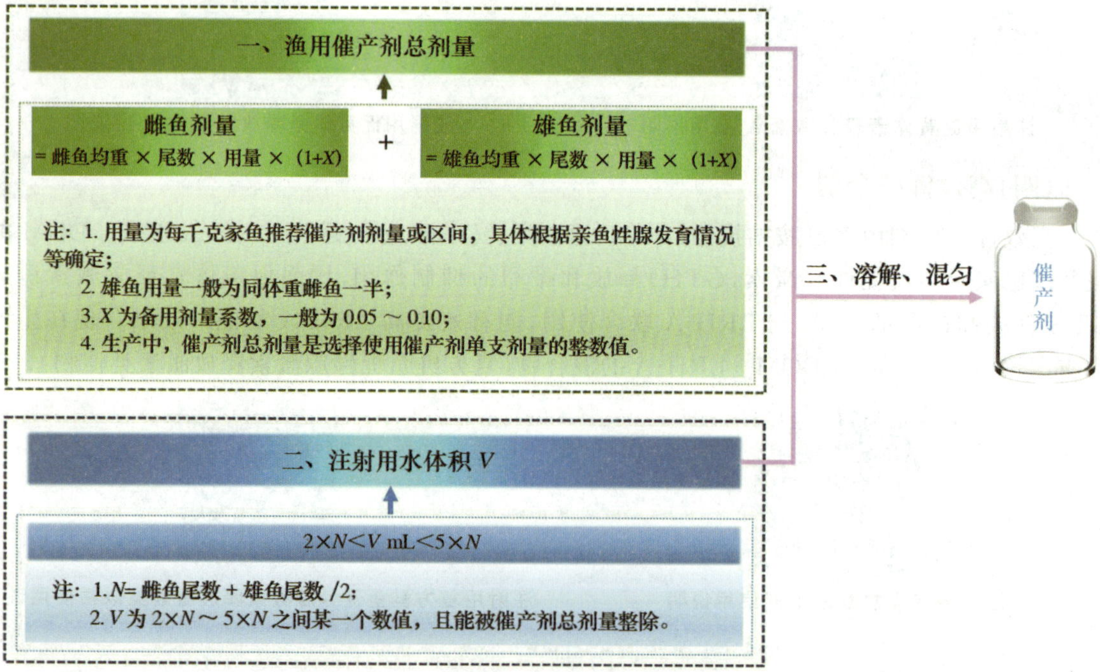

图 4-12　四大家鱼催产剂配制路线图

例题：现有一批草鱼 20 组，其中雌鱼 20 尾，雄鱼 24 尾，每尾鱼平均体重为 10 kg，所用催产剂为 $LRH\text{-}A_2$，使用剂量为 5 μg/kg(雌鱼)，问：需配制多少注射液？一尾实重 12 kg 雌鱼需注射多少？

解：①雌鱼所需剂量＝20 尾×10 kg/尾×5 μg/kg＝1 000 μg

另加约 10%的备用剂量则总剂量＝1 000 μg×110%＝1 100 μg

雄鱼所需剂量＝24 尾×10 kg/尾×2.5 μg/kg＝600 μg

另加约 10%的备用剂量则总剂量＝600 μg×110%＝660 μg

雌雄鱼所需总剂量＝1 100 μg＋660 μg＝1 760 μg≈1 800 μg (0.1 mg/支)

②共有亲鱼折算成雌鱼 32 条，所需溶液(32×2 mL)64 mL～(32×5 mL)160 mL，取 90 mL 较为合理。

③应配制成浓度为 20 μg/mL 的药液 90 mL。

④12 kg 雌亲鱼需催产剂 60 μg，取药液 3.0 mL。

任务四　亲鱼捕捞和选择

一、工具介绍及使用

(一)亲鱼网

供亲鱼池及催产池捕亲鱼用，一般由尼龙网线编织成。亲鱼池用网网高 5 m，长度超过池塘 1/2，在鱼网上纲处设一宽 1.5 m 盖网，使用时可以用竹竿支撑起来，防止亲鱼捕捞时跳起逃脱，上下纲相联处是网头，网目 2～3 cm。催产池用网一般长 15 m、高 2 m 即可，不设浮子和沉子。

在使用之前要查看亲鱼网有无破损，捕捞时将网从长方形池塘一宽边处下网，从池塘另一宽边处起网。下网时确保沉子到达池底，网衣在水中散开，拉网时池塘两边各 1 人负责踩下纲，防止在拉网时将下纲拉起，亲鱼从网底逃脱，拉网过程中要做到缓、轻，防止亲鱼受到较强刺激。

(二)运鱼夹

用细帆布和竹棍制成，长 0.6 m，宽 0.5 m，深 0.4 m，前端上部缝上，下部留有一孔，孔的大小以让鱼头部 2/3 能露在外面为宜，便于装亲鱼运输时漏掉水并卡住鱼头，避免亲鱼强力摆动而引起滑落(图 4-13)。

图 4-13　家鱼亲鱼运鱼夹

运鱼夹使用之前要检查其有无破损，使用之后要清洗干净、晾干。

（三）亲鱼暂养箱

在进行催情或人工授精时临时存放亲鱼用，一般用小眼网缝制成长方形，上缘固定在框架上浮于水面，上设盖网以防亲鱼外跳。生产上也常将亲鱼网兜成一网角代替亲鱼暂养箱。

二、亲鱼选择

（一）选择季节

北方家鱼通常在 6 月选择、催产，南方 4 月就可以，长江中下游一带在 5 月进行选择、催产。为了准确了解亲鱼的成熟情况，可在催产期前半个月左右，选择具有代表性的亲鱼池拉网选择亲鱼试产。试产水温需稳定在 18 ℃以上，水温 22～26 ℃时可进行大规模催产。

选择催产顺序大致为鲢鱼、草鱼、鳙鱼、青鱼。具体还要根据各种鱼性腺发育情况进行。

（二）鲢鱼、鳙鱼亲鱼选择

外观观察雌鱼腹部比较膨大，特别是生殖孔附近饱满、柔软、略有弹性，生殖孔红润，说明性腺发育良好。鲢鱼、鳙鱼性腺发育良好时，仰翻其腹部，能隐约见到肋骨，抬高其尾部，隐约可见卵巢轮廓向前移动，用手轻捏生殖孔附近，则两侧肌肉间有明显的空隙存在。如果雌鱼腹部过分膨大（特别是鲢鱼），弹性消失，说明可能亲鱼体内脂肪过多，有假成熟现象，须放养在清水池或微流水中暂养几天后方可进行催产。雄鱼挤压腹部有较浓精液流出，遇水后能立即散开。若流出的精液少（或挤不出），入水呈细线状不散说明还不完全成熟，若流出精液少且稀并带黄色，说明精巢已经退化。

挖卵观察卵粒大小整齐、有光泽、较饱满，全部或大部分卵核偏位，表示性腺成熟良好。

（三）青鱼、草鱼亲鱼选择

外观观察雌鱼腹部比较膨大，特别是生殖孔附近饱满、柔软、略有弹性，生殖孔红润，说明性腺发育良好。草鱼亲鱼选择时停食 2 d，发育良好的草鱼腹部较松软，腹部向上时，可见体侧卵巢下垂轮廓，腹部中间呈凹瘪状，腹部鳞片也会由白色转向微红色，同时鳞片后区微微向上突起，轻提尾柄，两侧卵巢有下坠感。成熟的雄草鱼能挤出精液，遇水后立即散开。若流出的精液少（或挤不出），入水呈细线状不散，说明还不完全成熟，若流出精液少且稀带黄色，说明精巢已经退化。

青鱼发育良好时，只要腹部膨大或略膨大而柔软即可选用。

挖卵观察卵粒大小整齐、有光泽、较饱满，全部或大部分卵核偏位，表示性腺成熟良好。

(四)亲鱼的配组

若进行自然产卵受精,雌雄配组的比例最好为1∶1.5,最低也不应低于1∶1,生产中通常采用同一批鱼中,雄鱼比雌鱼多1～3尾的配组方法。如果采用人工授精,雄鱼可少于雌鱼,一尾雄鱼的精液可供2～3尾同样大小的雌鱼。配组时同一批亲鱼,个体重量应大致相同,以保证亲鱼繁殖行为的协调。

任务五　亲鱼催产

一、催产设施

(一)产卵池(催产池)

产卵池也叫催产池,产卵池的设备包括产卵池、排灌设备、收卵设备(收卵网、网箱)等。产卵池要有良好的水源,在产卵池边建一蓄水池,排灌方便。面积一般在60～100 m^2,可放亲鱼4～6组(60～100 kg),形状一般以圆形为主,也有椭圆形或瓜子形。产卵池要求结构坚固,池壁光滑,不存在死角,以便冲水。

圆形产卵池一般用单砖砌墙水泥抹面,直径8～10 m,池深1.5～1.8 m,池底呈锅底状,由四周向中心倾斜,一般中心较四周低10～15 cm,在池中心最低处设圆形或方形排水口(出卵口)1个,其上盖拦鱼栅,排水暗管(直径25 cm)与集卵池(长2.5 m、宽2 m)相连。集卵池底面比出卵口低0.2 m,出卵暗管伸出池壁0.1～0.15 m,便于集卵箱的袖网口与之绑扎。集卵池末端的池墙设3～5级阶梯,每一个阶梯设排水洞1个,以控制水位。产卵池一般设进水口1个,口径10～15 cm,其出水方向与池壁呈30°左右的切角线,距池底1 m处,以便沿池壁注水,使池水在池中流转。各种形状催产池见图4-14。

左.椭圆形催产池　中.瓜子形催产池　右.圆形催产池

图4-14　催产池

(二)集卵箱

用尼龙筛绢制成,大小一般为0.5～1 m^2,深40～50 cm。在其一侧留10 cm直径的小孔,连接导卵管,导卵管长2.5～3 m。集卵时将导卵管一端连于产卵池出水孔,一端导入暂养箱,置于集卵槽中(图4-15)。

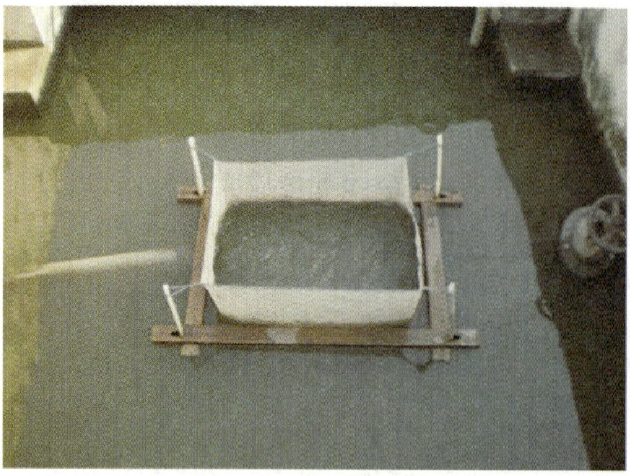

图 4-15 **集卵箱**(左:收集卵粒;右:实物展示)

二、催产剂参考用量及注射

(一)催产剂参考用量

(1)脑垂体　对各种家鱼的剂量为每千克体重 3～5 mg(干重),相当于体重 0.5 kg 左右的鲤脑垂体 3～5 个或体重 1～2 kg 鲤脑垂体 1～2 个,或鲫脑垂体 8～10 个。鲢鱼、鳙鱼剂量可低些,草鱼、青鱼尤其青鱼剂量要高些。

(2)绒毛膜促性腺激素　对鲢鱼、鳙鱼效果较好,剂量为每千克体重 800～1 600 IU。剂量过高浪费药物,同时易产生 HCG 抗体,会影响以后的催产效果。

(3)促黄体素释放激素类似物　鲢鱼、鳙鱼剂量为每千克体重 1.5～2.0 μg,分 2 次注射,第一次每千克体重 0.2～0.4 μg,经 10～12 h(成熟度较差者)后注射余量。草鱼剂量为每千克体重 1～2 μg,反应灵敏,效应时间稳定,不需采用 2 次注射。青鱼由于个体大,生产中因饵料等原因,成熟度往往较差,一般采用 2 次或 3 次注射。2 次注射时,第 1 次 LRH-A 每千克体重 0.5 μg,针距 12～14 h;第 2 次注射 LRH-A 每千克体重 1～2 μg 加 DOM 每千克体重 5 μg。第 3 次注射时,第 1 次(预备针)LRH-A 0.1～0.3 μg/尾,经 15 d 左右第 2 次注射 LRH-A 每千克体重 0.5 μg,12～14 h 后第 3 次注射 LRH-A 每千克体重 1～2 μg 加 DOM 每千克体重 5 μg。雄鱼均在雌鱼末次注射,其剂量减半,如果雄鱼成熟较差,挤不出精液,可与雌鱼同样打预备针。

(4)A、B 型混合催产剂　雌鱼每千克体重 400 IU,雄鱼减半,1 次注射即可。

具体注射多少还与亲鱼性腺发育好坏等因素有关。一般催产早期和晚期,剂量可适当高些,催产中期可适当低些,在温度较低或亲鱼成熟较差时,剂量可适当偏高,反之可适当降低。

(二)注射次数

注射次数应根据亲鱼的种类、催产剂的种类、催产季节和亲鱼成熟程度等来决定。如 1 次注射可达到成熟排卵,就不宜分 2 次注射,以避免亲鱼受伤。成熟较差的亲鱼,可采用 2 次注射,尤以注射 LRH-A 为佳,以利于促进性腺进一步发育成熟,提高催产效果。如采用 2 次注射,第 1 次注射量只能是全量的 10%左右,第 1 次注射量过高,很容易引起早产。

(三)催产剂的注射方法

家鱼注射催产剂可采用胸腔注射、背鳍基部注射或肌内注射,生产上一般多用胸腔注射。将注射针头于鱼胸鳍基部无鳞片的凹陷部位,朝头部前上方与体轴呈45°～60°刺入1.5～2 cm深,以穿透体壁肌肉达胸腔为度,然后把注射液徐徐注入鱼体腔内。背鳍基部注射是在亲鱼背鳍基部凹陷无鳞处,向鱼体轴内方向刺入针头2 cm左右,将催产药物推入其中。肌内注射部位在侧线与背鳍间的背部肌肉处,针头向头部方向稍挑起鳞片刺入2 cm左右,然后注入催产剂。当针头刺入鱼体,如亲鱼突然挣扎扭动,须迅速拔出针头,不要强行注射,以免针头扭弯,或损伤鱼体,待鱼安定后再行注射。注射后的亲鱼放入催产池。为提高催产效果及便于收集鱼卵等生产操作的进行,一般要求亲鱼在早晨或上午产卵,故需根据效应时间选择适当的注射时间。不同的注射方法对亲鱼会产生不同的效果(表4-6)。

表4-6　几种注射方法比较

注射方法	优点	缺点	备注
胸腔注射	效应时间短,亲鱼交配产卵较一致,便于安排生产	技术要求较高,容易损伤亲鱼	常用
背鳍基部注射 肌内注射	对亲鱼较为安全	效应时间长 亲鱼交配产卵较不一致	较少用

任务六　催产鱼管理及催产结果分析

一、亲鱼发情与产卵

亲鱼经注射催产剂和雌雄配组后,由于促性腺激素的作用,出现雄鱼追逐雌鱼的兴奋现象,这就是发情。当发情达到高潮时,雄亲鱼往往用头顶雌鱼的腹部,使雌亲鱼侧卧水面,当条件适宜时,雌雄鱼腹部相对,雌鱼腹部和尾部激烈收缩,排出卵子,同时雄鱼向水中排精。有时可看到雌雄鱼扭在一起产卵排精。亲鱼开始产卵后,一般每隔几分钟到几十分钟产卵一次,经过几次产卵后,完成产卵过程(图4-16)。

图4-16　亲鱼发情产卵

冲水对亲鱼发情有刺激作用，因此在亲鱼发情前和产卵过程中应保持流水。

在亲鱼发情 30 min 后，应及时检查收卵箱中是否有卵出现。如发现有大量受精卵出现，要及时收卵，并及时将受精卵运送到孵化器中进行孵化。

二、效应时间

亲鱼最后一次注射催产剂后至开始发情产卵所经历的时间，其长短与催产剂的种类、水温、注射次数、性腺成熟度和亲鱼的种类有关。较准确地估计效应时间，对合理安排注射时间，安排生产是十分重要的。

一般而言，注射 PG 和 HCG 效应时间要比 LRH-A 略短，主要原因是它们的作用部位不同。在一定温度范围内，产卵水温与效应时间成反比，水温高效应时间短，水温低效应时间长（表 4-7）。

表 4-7　草鱼 1 次注射催产剂的效应时间　　h

水温/℃	催产剂	
	PG	LRH-A
20～21	14～16	19～22
22～23	12～14	17～20
24～25	10～12	15～18
26～27	9～10	12～15
28～29	8～9	11～13

水温的变化，尤其是突然降温，不但会延长效应时间，甚至会导致亲鱼产卵活动停止，在催产早期，应特别注意天气变化。

在催产亲鱼时，一般 2 次注射比 1 次注射的效应时间要短，2 次注射 LRH-A 随针距延长，效应时间有缩短趋势。鲢鱼 2 次注射 LRH-A 针距 24 h，效应时间稳定在 10 h 左右。

效应时间也随鱼种类的不同而不同，草鱼一般效应时间较短，鲢鱼居中，鳙鱼、青鱼略长，初次催产的亲鱼个体，因其对催产剂敏感，效应时间短。

三、产卵池管理

亲鱼入池前要将产卵池冲刷干净，防止污物进入集卵箱中；亲鱼入池前要安好采卵箱，将池水控制在 1.2 m 以上；亲鱼放入池中后要防止外界干扰和异物进入池中；亲鱼发情前要用网片将产卵池拦好，防止亲鱼跳出池外；亲鱼进入发情期时要进行冲水至亲鱼产卵完毕，使进出水量保持一致；定期检查并及时收集卵粒，计数后放入孵化器中孵化。

四、鱼卵的质量鉴别与计数

通常情况下，亲鱼经催情注射后，发情时间正常，产卵集中，卵球大小一致，卵膜吸水速度快，产出后约 30 s 即可膨胀，卵膜坚韧度大，不易破裂，胚盘隆起后细胞分裂正常，分裂球大小均匀，边缘清晰，这类卵子质量好，受精率高（表 4-8）。

质量较差的卵子大小不一，卵球吸水速度慢，卵膜柔软，膨胀度小，放在白色盘中，卵扁塌。受精卵计数一般采用容积法。

表 4-8　家鱼卵子质量的鉴别

性状	成熟卵子	不成熟或过熟卵子
颜色	鲜明	暗淡
吸水情况	吸水膨胀速度快	吸水膨胀速度慢，卵子吸水不足
弹性情况	卵球饱满，弹性强	卵球扁塌，弹性差
卵静止时胚胎所在位置	胚胎动物极侧卧	动物极朝上，植物极朝下
胚胎发育	卵裂整齐，分裂清晰，发育正常	卵裂不规则，发育不正常

五、亲鱼产卵效果分析

家鱼人工繁殖产卵量统计见表 4-9。

表 4-9　四大家鱼人工繁殖产卵量

种类	统计尾数	每克体重最高产卵数/粒	每克体重平均产卵数/粒	测定单位
鲢鱼	50	75.4	51.8	南海所(1962)
鳙鱼	29	77.6	58.8	南海所(1962)
草鱼	76	103	47.7	广东某鱼苗场(1962)
青鱼	27	125	49.3	江苏、上海、福建等养殖场

全产（顺产）：雌鱼腹部明显缩小，腹部松弛有空感，轻压腹部没有或仅有少量卵粒流出，或有少量血样液体流出，表明卵子已基本产完。

半产：雌鱼腹部有所缩小，但没有空瘪。

①亲鱼已全部排卵，但只产出一部分，轻压腹部仍有较多卵粒流出。可能是雌鱼成熟差或个体小，或是亲鱼受伤严重无力将卵全部产出，或是受惊吓后停止产卵。处理方法是将卵挤出后进行产后培育。

②亲鱼没有全部排卵，而排出卵基本产出，轻压腹部没有或只有少量卵粒流出。可能是催产剂量不足，或是雌鱼成熟差，或是生态条件不良引起的。

难产（未产）：

①催产后雌鱼腹部不增大、不柔软或变化不大，原因可能是亲鱼成熟很差或开始退化，对催产剂不敏感。应根据具体情况针对性处理。

②催产后雌鱼腹部明显增大，腹部松软，生殖孔红肿，但泄殖孔有卵块堵塞，如除去卵块，卵子会像流水一样流出，但大部分卵子已过熟。原因可能是季节不适，水温过高，或是催产剂过量。处理方法是让卵子全部流出，保护亲鱼不致死亡，放回亲鱼池待来年使用。

六、亲鱼产后护理

催产结束后，把产后体弱的亲鱼放入水质清新的池塘里，并进行精心喂养护理，使产后亲鱼迅速恢复体质。对体外有轻度外伤的产后亲鱼，可用碘制剂溶液涂抹伤口，以防鱼体感染、溃烂、患水霉等疾病。对受伤严重的亲鱼，在外用消炎药物的同时，可注射青霉素，每千克体重注射 1 万 IU，可减少产后亲鱼的死亡。

任务七　人工授精

一、人工授精概念

人工授精是指人工从鱼体内取出卵子和精子，在适宜的条件下，使鱼的精卵混合，完成受精过程的方法。图 4-17 为鱼类人工授精室外和室内操作现场。

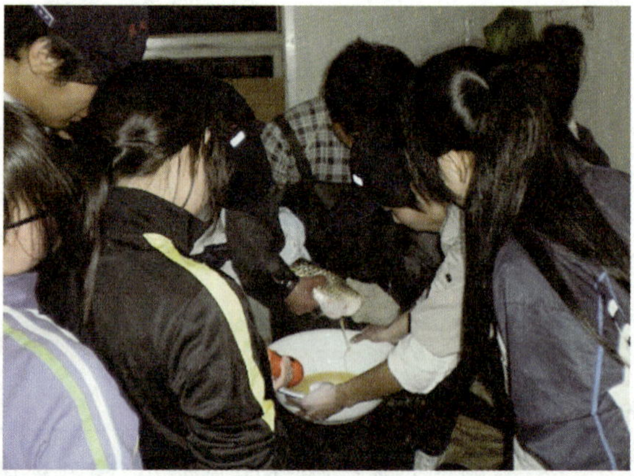

图 4-17　鱼类人工授精操作现场(左：室外；右：室内)

二、取卵、取精

(一)取卵方法

(1)挤压法　绝大多数淡水鱼都适宜采用本法，即用手从前向后挤压雌鱼腹部两侧(图 4-18)。

(2)剖腹取卵法　适合于较低等的鱼类即卵巢为裸卵巢鱼类。

(3)活体手术法　此法是对剖腹取卵法的改进，让亲鱼不死亡或较少死亡，降低了繁殖成本，鲟鱼的人工繁殖较多采用本法。

图 4-18　挤压法采集鱼卵

(二)取精法

(1)挤压法 同卵子的挤压法。

(2)导精管取精法 将导精管的一端插入雄鱼生殖孔中,再挤压或通过吸取的方式获得。

(3)剖腹取精法 打开雄鱼的腹部,取出精巢再将其剪碎,用生理盐水稀释。

三、人工授精方法

(一)干法人工授精

将鱼提出水面,擦干鱼体的水分,然后将卵子挤入擦干的脸盆中后,用同样的方法将雄鱼的精液挤入盆中,用手或羽毛使精卵充分混合,1～2 min 后,徐徐加入清水,再轻轻搅拌 1～2 min,静置 1 min,倒去污水,重复洗卵 2～3 次,即将卵移入孵化器中孵化(图 4-19)。

本法操作较为简便,受精率较高,目前使用较多。

图 4-19 干法人工授精

(二)半干法人工授精

将精液收集后放入 0.3%～0.5%的生理盐水中进行稀释,然后倒入卵中,其余按干法人工授精进行。

在雄鱼不足、精液不多和需腹取精时此法较适用。

(三)湿法人工授精

将精卵同时挤入盛有清水的盆中,边挤边加水摇动。

人工授精时要避免精卵受阳光直射,以免紫外线杀死精子,从而影响受精率。操作时人员还要配合好,动作轻、快,防止亲鱼受伤引起死亡。特别是对于个体较大的亲鱼,在人工授精时更要掌握好时间(图 4-20)。

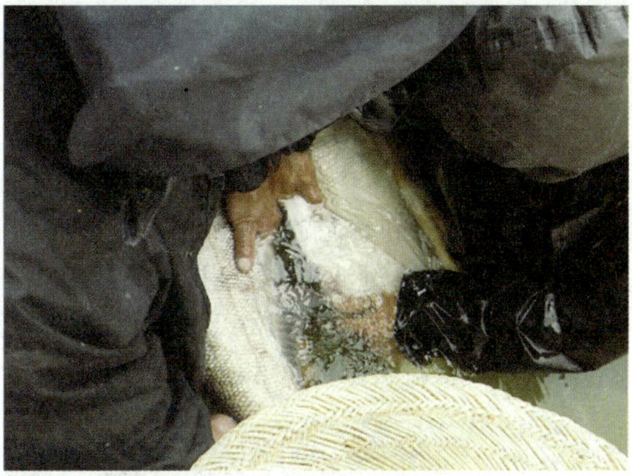

图 4-20 湿法人工授精

四、人工授精技术关键

(1)准备工作充分,器材准备到位。

(2)人员分工明确,动作协调。

把握好受精时间:卵子在原液中绝大部分 10 min 内不会失去受精能力,但卵子遇水后 60～90 s 基本失去受精能力,精子有效时间更短。

五、人工授精与自然产卵方法比较

人工授精与自然产卵有各自特点和不足(表 4-10),具体实践时要根据实际情况正确选用。

表 4-10　人工授精与自然产卵比较

比较	自然产卵	人工授精
优点	适应卵子成熟过程,受精率较高; 对多尾亲鱼产卵时间不一致无影响; 亲鱼受伤少	设备简单,受条件限制少; 受精卵不混有敌害和杂物; 便于进行人工杂交; 在亲鱼受伤和水温偏高的情况下可得到部分受精卵; 在雄鱼少时,可使卵子受精有保证
缺点	设备多,受条件限制较大; 受精卵混有敌害和杂物; 很难进行杂交工作; 在雄鱼少时,卵子受精无保证	较难掌握适当的采卵时间,往往会因卵子过熟而受精差; 多尾亲鱼在一起,起捕时对其他亲鱼发情有影响; 亲鱼受伤机会增多

任务八　受精卵孵化

一、孵化设施

(一)孵化环道

由石头或砖和水泥砌成,形状有圆形或椭圆形,环道的数目有单环、双环和三环(图 4-21)。孵化环道由环道、过滤窗纱、进排水管道和集苗池等组成。水塔或蓄水池的最低水位应比孵化环道的最高水位高出 1.5 m 以上,以保证环道内的水有足够的流量和流速,使鱼卵随水流翻动。环道一般宽 0.8～1.0 m,深 1.0 m 左右。溢(排)水口距环道上缘 10～15 cm,经常保持水深 0.75～0.85 cm。整个环道底部向出苗孔方向呈 1%的倾斜度,便于排干环道的水和鱼苗。一般每立方米孵化用水要有相应的窗纱,有效过滤面积 0.15 m^2 以上,这样可以减轻窗纱贴卵和对鱼苗的压力。过滤窗纱一般用 46～55 孔目的尼龙筛绢或铜丝布制成。窗纱略向环道内倾斜,便于洗刷。环道底部每隔 1.5～2.0 m 设 1 个鸭嘴喷头,其进水管直径约 2.5 cm。喷头长 12 cm,口宽 10 cm,口高 0.4 cm,呈三角形,安装在进水管的弯头上,离环道底约 5 cm,向内壁水平方向喷水。每个环道分别安装进水管与各喷头相连接,

图 4-21　双层孵化环道

每环装一个阀门控制水的流量，保持流速在 0.15～0.30 m/s。每环总进水管的内径截面积要大于各喷头截面积总和。排水管埋在进水管下方，一般采用直径 15～20 cm 的陶瓷管、铸铁管或水泥管，通向集苗池，接收来自过滤窗纱排出的水，再经过集苗池排出。集苗池一般长 1.5 m，宽 1 m，深 1 m 左右。环道放卵密度一般为每立方米水 100 万粒左右。

（二）孵化桶

孵化桶用白铁皮或钢筋水泥制成（图 4-22）。从底部进水，通过上部过滤窗纱出水。孵化桶结构简单，容易制作，轻便灵活，孵化密度大（每立方米水放卵 100 万～200 万粒），孵化率高，使用较广。用水缸改制的卵化缸，与孵化桶相似，但其进水方式可有多种。

图 4-22　孵化桶

（三）孵化缸

一般用普通瓦缸改装而成，以盛水 250 kg 左右为宜，放受精卵密度为每 50 kg 水放卵 5 万粒左右。要求缸形圆整，内避光滑。孵化缸有平底形和漏斗形两种。孵化缸的窗纱孔径为 0.3～0.4 mm（图 4-23）。

（四）孵化槽

为用砖砌成的长方形水泥池。孵化槽的进水和出水在同一端，底部设两个以上鸭嘴喷头进水，同一端设出水槽，同进水呈相反方向出水。集苗管设在另一端。水在槽内形成水平垂直的环流，鱼卵或鱼苗随水漂流。较大的孵化槽长 2.5～3 m，宽 1.5～2 m，深 1.2～1.3 m。较小的长 1.7～2 m，宽 0.7～0.8 m，深 1.2 m 左右。小型孵化槽可以由几个至十几个槽并联排成单行、双行或多行。孵化槽结构简单，操作方便，容易管理，孵化率也较高。孵化密度每立方米水放鱼卵 80 万～100 万粒。

图 4-23　孵化缸

二、孵化管理

（1）前期准备　对孵化设备进行安全检查、刷洗干净、消毒等，特别是过滤窗纱，确保无破损，无缝隙，不漏卵，不跑苗。

（2）调节水量　根据情况调节水量，以卵被水冲到水层中均匀分布缓慢翻滚为度。若鱼卵偏高可适当大水流，促使其翻滚。

鱼苗刚孵化出膜，游泳能力很差，浮力小，易下沉窒息，要加大水流，使其能在水层中漂动。当鱼苗能平游时，要适当减小流速，防止鱼苗顶水体力消耗过大。

(3)冲刷滤水窗纱　在长时间孵化过程中,滤水窗纱会积累大量杂物或水生昆虫幼虫,窗眼被堵塞,引起水位升高而溢卵逃苗,水流太急时会发生贴卵、贴苗,可以定期用小皮管冲水,或细毛刷或海绵块轻轻在外侧洗,保持孵化器正常运转。

(4)清除卵膜　①用网捞除卵膜,即用细纱绢制成小网兜或网片进行清除。②外加蛋白酶加速其溶解。③停水脱膜。

(5)防病　①防治水霉病。②防治气泡病。

三、影响孵化的环境因素

(1)温度　温度是胚胎发育重要因素之一,在其他因素适宜的条件下,温度与胚胎发育的关系尤为密切。胚胎发育要求有一定的温度范围,过高或过低的温度都会引起不良的后果。家鱼胚胎发育的水温范围为18～30 ℃,适宜温度范围为(25±3) ℃,最适宜温度为26 ℃,低于18 ℃或高于30 ℃会引起胚胎发育停滞或不健全,即使有少量孵化,畸形怪胎也较多,多半在发育中途夭折。

在一定温度范围内,胚胎发育速度与水温的关系是:温度高,发育快;温度低,发育慢。如鲢鱼胚胎发育在水温18 ℃时,孵化历时61 h,在28 ℃时,只需18 h。水温接近上限时,水温略有变化其孵化时间相差不大;水温接近下限时,水温略有变化其孵化时间相差很大。家鱼的胚胎发育速度较快,其中以鲩草鱼和鲢鱼的胚胎发育速度较快,鳙鱼和青鱼则稍慢一些。

(2)溶解氧量　试验证明,鲢鱼在胚胎期尾芽出现后,耗氧量骤然增加,为早期的2倍多;到了仔鱼期(孵出后68 h),其耗氧量达到最高峰,为早期的10倍左右。

1粒鲢鱼的受精卵到胚体卵黄囊消失(鱼苗孵出后68 h)为止,共耗氧0.17～0.18 mg,比鲤鱼卵的耗氧量要多3～4倍,可见鲢鱼在胚胎发育时期需要较高的溶解氧。而且它们不能耐受较低的溶解氧(1.6 mg/L以下),当水中溶解氧不足时,会引起胚胎发育迟缓、停滞甚至窒息死亡。幸存者也会因氧气不足,出现各种畸形。此外,1粒死卵腐烂到卵膜消失,耗氧要比胚胎发育耗氧较高时(尾芽出现)呼吸的氧量大9～11倍。因此孵化时应根据胚胎发育时期的耗氧变化、卵质、水温等条件来决定放卵密度。在生产上,孵化用水含氧应大于3～4 mg/L流水式的孵化工具,如孵化桶、缸、槽和孵化环道等都是根据家鱼鱼卵的特性,并满足胚胎发育的必要条件而设计的,从而提高鱼卵孵化率和鱼苗出苗率。

(3)水质　未被污染的清新水质,对提高孵化率有很大作用。孵化用水应过滤,防止敌害生物及污物流入。受工业或农药污染的水,不能用作孵化用水。偏酸或过于偏碱性的水必须经过处理后才可用来孵化鱼苗。

(4)敌害生物　小鱼、蝌蚪、小虾、桡足类等对鱼卵和鱼苗都有严重的危害。敌害生物的危害程度与卵的密度、敌害生物的数量和接触时间有密切关系。小鱼、蝌蚪等对鱼卵、鱼苗能直接吞食,桡足类、枝角类等用它们的附肢刺破卵膜或咬伤鱼苗,进而吮吸鱼卵、鱼苗的营养,破膜胚胎和刚孵鱼苗会很快死亡。因此孵化用水必须选择水量充沛、有机物少、溶解氧高的水体作为水源,并有简易的水处理装置,确保防止敌害生物进入孵化容器。

职业能力测试

项目四测试题

项目四测试题参考答案

思考与练习

1. 简述家鱼卵巢分期及各期主要结构特征。
2. 什么是性周期？简述家鱼性周期变化规律。
3. 简述家鱼亲鱼培育基本方法。
4. 简述鱼类人工繁殖的基本原理。
5. 简述鱼用催产剂的种类及各主要功能。
6. 简述圆形催产池的基本结构。
7. 简述胸腔注射催产剂的基本操作方法。
8. 什么是效应时间？影响效应时间长短的因素有哪些？
9. 简述家鱼卵粒收集及计数方法。
10. 简述家鱼催产管理要点。
11. 简述家鱼卵子质量鉴别方法。
12. 简述家鱼人工授精基本操作过程及注意事项。
13. 简述家鱼受精卵孵化设施种类及结构。
14. 简述家鱼受精卵孵化管理要点。

项目五

鲤鱼、鲫鱼、鲂鱼人工繁殖

知识目标

1. 熟悉鲤鱼、鲫鱼、鲂鱼繁殖特性。
2. 熟悉人工鱼巢制作方法。
3. 熟知鲤鱼、鲫鱼、鲂鱼常用催产剂种类及配制方法。
4. 熟悉鲤鱼、鲫鱼、鲂鱼受精卵常用孵化方法。

能力目标

1. 能根据鲤鱼、鲫鱼、鲂鱼繁殖生物学特性进行亲本培育。
2. 能熟练制作人工鱼巢。
3. 能根据生产具体情况，配制鲤鱼、鲫鱼、鲂鱼人工催产剂并进行注射催产。
4. 能正确孵化鲤鱼、鲫鱼、鲂鱼受精卵。

素质目标

1. 增强学生知鱼、爱鱼和护鱼的意识。
2. 培养学生团结协作的团队精神。

鲤鱼、鲫鱼、鲂鱼是我国常见的养殖鱼类，深受消费者喜爱，养殖历史悠久、养殖区域广泛。鲤鱼、鲫鱼、鲂鱼与四大家鱼在繁殖习性和条件等方面存在明显差异，在池塘等小水体中能自然产卵，人工繁殖可以有效提高其繁殖量和规模，生产中通过鲤鱼、鲫鱼、鲂鱼人工繁殖已培育出许多优良品种。

任务一　亲鱼培育

一、鲤鱼亲鱼选择和培育

（一）亲鱼的来源

用于人工繁殖的鲤鱼亲本来源主要有两种：一种由江河、湖泊、水库等天然水体中捕捞获得，采用这种方法获得的亲鱼，具有经济、方便、节约池塘等优点，同时其抗逆性较强，生长快，经济性状良好。但是因其经过捕捞和运输，容易受伤，易感染鱼病，如果管理不好，往往当年不能顺产，必须经过一段时间的池塘培育，才能确保其顺产。另一种来自池塘中专门培育，即将鱼苗或鱼种经培育使之达到性成熟，再从性成熟的成鱼中选择个体好的鱼作为亲鱼，这种方法获得的亲鱼，能较好地适应当地的环境条件，体质健壮，成熟率及催产率也较高，一般能顺利产卵。

（二）亲鱼的选择

用作繁殖的鲤鱼亲鱼，都必须是纯种、亚种或遗传性十分稳定的品种。杂交种一般不能选作亲鱼，同时还应十分注意避免近亲繁殖，大力提倡异地交换或繁殖。除此之外，选择亲鱼时还要求符合下列标准：

（1）外形　亲鱼的体形以体高、背厚、头部较小为好。要求鳞片、鳍条完整，无病无伤，体色鲜艳。

（2）年龄和体重　鲤鱼的性成熟年龄，雌性在南方为 3 龄，北方为 4 龄；雄鱼提早一年成熟。鲤鱼的怀卵量随鱼的体重增加而增加，在正常情况下，高寒地区应选择雌 5～8 龄、雄 4～7 龄、体重在 2.0 kg 以上的鲤鱼作亲鱼。注意不要选择 3 龄以下或 10 龄以上的鲤鱼作亲鱼，体重不足 1 kg 的鲤鱼也不能作为亲鱼使用。

（3）血缘关系　选择的亲鱼要严禁近亲繁殖，最好选用不同品系的鱼进行繁殖。有条件的应选择品质优良的天然水体的鲤鱼作为亲鱼，至少也应进行异地亲鱼交换，严防近亲繁殖。近亲繁殖的后代个体小，生长慢，抗病力弱。

（4）雌雄鉴别及搭配比例　雌雄鱼要各占一定比例，一般为 1∶1。非生殖期雌雄亲鱼的副性征不太明显，较难区别，因雄鲤也有腹大者，不可单凭腹部大小来区别雌雄。雌雄亲鲤鉴别可参考表 5-1、图 5-1。

表 5-1　鲤鱼亲鱼雌雄鉴别

（引自《中国池塘养鱼学》）

季节	性别	体型	腹部	胸、腹鳍	泄殖孔
非生殖季节	雌	头小而体高	大而较软		较大而突出
	雄	头较大而体较狭长	狭长而略硬		较小而略向内凹
生殖季节	雌		膨大柔软，成熟时稍压即有卵粒流出	胸鳍没有或很少有追星	红润而突出
	雄		较狭，成熟时轻压有精液流出	胸、腹鳍和鳃盖有追星	不红润而略向内凹

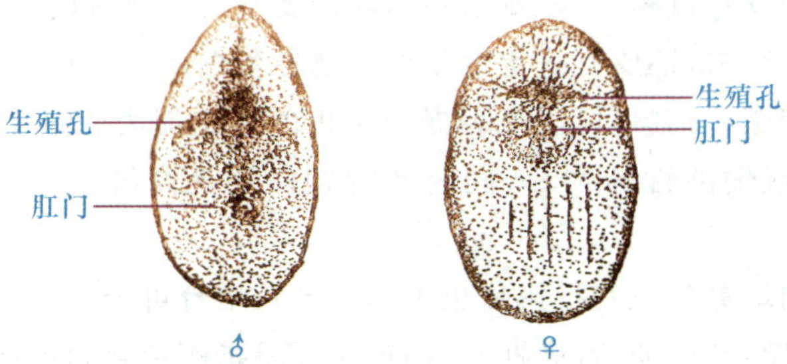

图 5-1　鲤鱼雌雄鉴别

(三)亲鱼的培育

亲鱼是鱼类人工繁殖的物质基础,而亲鱼培育则是人工繁殖的关键。只强调对亲鱼的催产和孵化技术而忽视亲鱼培育,或只强调春季强化培育而忽视亲鱼产后培育,即所谓"产前攻,产后松"的做法是搞不好鱼类人工繁殖的。

1.亲鱼池的选择与清整

鲤鱼亲鱼的培育通常在土池中进行,亲鱼池的面积一般以 0.07~0.2 hm^2、水深 1.5 m 左右为宜。池塘最好选在水源充足和排灌水方便的地方。亲鱼放养前应对池塘进行清理,同时对池塘的池埂进行加固。

2.亲鱼放养

亲鱼的放养密度一般为每公顷 750~1 500 尾、2 250~3 000 kg,可混养少量鲢鱼、鳙鱼,以控制浮游生物的过量繁殖。亲鱼放养方法有雌雄分养和雌雄混养两种。

(1)雌雄分养　鲤鱼在池塘养殖条件下,春季水温达到 18 ℃时即能自行产卵,零星产卵不利于生产。因此,应当将雌雄亲鱼分塘饲养,到天气晴暖、水温适宜时,再合池让其交配产卵。如果池塘不足时,也可以先将雌雄鱼混养在一起,到产卵前 1 个月左右再分养,或用两层竹箔(或网箔)从池中间隔开,然后再将雌雄亲鱼分别放在同一池塘的两边。竹箔要高出水面 1 m,以防鲤鱼跃过;两层竹箔之间的距离为 1 m 左右,过于靠近或用单层竹箔,有时也能引起在竹箔两侧雌雄鱼的性行为;竹箔在池底和池边一定要插牢,不留空隙,否则亲鱼容易钻过。到水温适宜时,拔出竹箔,使雌雄亲鱼合池后交配产卵。这样可以避免分塘饲养情况下合池产卵时排水捕鱼的麻烦。

(2)雌雄混养　方法是将雌雄亲鱼放在同一池塘内,放养的密度与分养相同。当春季水温上升到 14~15 ℃,并且天气持续晴暖时,就可捕起亲鱼放入产卵池,进行自然交配产卵,或在水温适宜时进行人工催产。

3.饲养管理

生产实践证明,鲤鱼性腺的发育和产卵量的多少与饲料的数量和质量有关。饲养鲤鱼亲鱼的饲料,要求粗蛋白保持在 38%左右,同时要保证饲料的多样性,动物性饲料原料要求占 20%~40%。饲养鲤鱼亲鱼的饲料种类很多,如鱼粉、血粉、酵母、动物内脏、螺蚌、蝇蛆、蚯蚓等。投喂的饲料要新鲜、不变质,如果投喂已经变质或腐败的饲料,会引起鱼病或影响性腺的发育。

鲤鱼亲鱼在性腺的发育过程中,雌雄鱼对营养的要求是有差别的。投喂雌亲鱼的饲料,要有足够的碳水化合物和脂肪,还要有一定数量的动物性蛋白质。生产实践证明,对雌亲鱼投喂含碳水化合物较高的偏碱性饲料,可以显著提高亲鱼的生殖能力。雄亲鱼需要含丰富蛋白质和磷含量较高的中性或偏酸性的饲料,同时要特别注意提高维生素的含量,促使雄鱼性腺成熟。

鲤鱼亲鱼在不同的培育阶段其投饵量也不同。亲鱼培育可分为 3 个阶段,即前期(亲鱼产后恢复期)、中期(营养期)和后期(育肥期)。前期主要是指鲤鱼亲鱼产卵后的 7~15 d,在此时间内要注重投喂含维生素较多的新鲜饲料,一般每天投喂 2 次,投喂饲料量占鱼体重的 3%~

5%。中期主要是指在前、后期之间的绝大部分培育期，此时是鲤鱼亲鱼性腺发育的关键时期，除考虑水质环境外，更要注重其营养需求，每天投喂 3～4 次，投饲量占鱼体重的 5%～10%。后期主要是指鲤鱼亲鱼越冬前 30～40 d，此时主要是注重亲鱼脂肪积累。每天投喂饲料 2～3 次，投喂量占鱼体重的 3%～8%。鲤鱼亲鱼在产卵前 15～20 d 需用优质饲料，投喂时要掌握“少量多次”的原则，每天投饲 4～5 次，投饲量可占鱼体重的 1%～3%，饲料中要搭配 40% 的动物性饲料并含一定量的维生素。北方地区 5 月的天气变化较大，气温极不稳定，昼夜温差也较大，这时要抓紧快速发育。

亲鱼池中可以适当施肥，其主要目的是保持池塘水体中一定的浮游植物生物量，进行光合作用，增加水体中的溶解氧。施肥的方法可以参照鲢鱼、鳙鱼池塘施肥方法。

调节水质：鲤鱼的性腺发育不仅需要营养物质作保证，同时也需要一定的生态环境，特别是较高的溶解氧，以满足生殖细胞的发育需要。在亲鱼培育期间，必须保持高溶解氧，严防缺氧浮头。池塘中溶解氧最好保持在 3 mg/L 以上，尤其是到秋季更要注意对水质的调节。在鲤鱼亲鱼的整个培育期间，一般在产后培育的前期，要 2～3 d 注水 1 次，每次注水 7～10 cm；产后培育的中期，要 7～10 d 注水 1 次，每次注水 10～15 cm。在北方地区，在冬季结冰前要灌满池水，并要在结冰下雪后将冰上的积雪及时扫除，以利于水中的浮游植物进行光合作用，增加水中的溶解氧。在产前培育中，最好保持微流水。

鱼病防治：对鱼病的防治是一项不可忽视的重要管理措施，一旦发生鱼病，就会直接抑制亲鱼性腺的正常发育。鲤鱼亲鱼一般易感染赤皮病、竖鳞病、烂鳃病、线虫病、锚头鳋等疾病，要根据鱼病的发生规律，切实做好防病工作，发现鱼病及时治疗。

二、异育银鲫“中科 5 号”亲鱼培育

（一）亲本来源

异育银鲫“中科 5 号”母本从育种单位引进，父本兴国红鲤从有国家级资质的良种场引进。亲鱼要求体表光滑，体色、体型正常，鳍条、鳞被完整，规格整齐、体格健壮，无重大传染性疫病。

（二）亲本培育

1. 培育池

亲本培育池面积以 2 000～6 666 m^2 为宜，水深 1.5～2.5 m，淤泥厚度不超过 25 cm。池底平坦，水源充足，具有独立的注排水系统，进水口设 0.150～0.180 mm 的过滤网，每亩配备 0.5～1.0 kW 的增氧机，每 3 333～6 666 m^2 配备 150 W 的投饵机 1 台。每 200 尾异育银鲫“中科 5 号”母本配备 1～2 尾兴国红鲤父本。

2. 养殖模式

繁殖季节亲本雌雄鱼分开饲养，分池时间为上一年 10 月，放养密度以 0.45～0.60 kg/m^2 为宜，分池后泼洒 0.3～0.5 mg/L 的聚维酮碘消毒。亲鱼池可适当混养一定数量的白鲢和花鲢，以调节水质，白鲢放养 50 尾/亩，花鲢放养 10 尾/亩。

非繁殖季节雌雄鱼可混养，放养密度可增大到 1.125～1.50 kg/m²。

3.饲养管理

根据季节和性腺发育进展投喂不同饲料，10 月性腺开始发育至翌年的繁殖季节投喂亲鱼专用配合饲料，其他季节投喂商品饲料。亲鱼配合饲料要求粗蛋白质≥32.0%、卵磷脂≥3.0%和 EPA+DHA≥0.5%。水温 8～15 ℃，日投喂 1 次，投喂量为体重的 0.3%～0.5%；水温 16～21 ℃，日投喂 2 次，投喂量为体重的 0.8%～1.5%；水温 22～30 ℃，日投喂 2 次，投喂量为体重的 2.0%～2.5%；水温高于 32 ℃或低于 8 ℃，停止投喂。当雌性亲鱼卵巢发育至第Ⅲ期的卵黄大生长期，即肉眼可见卵粒时，日投喂 3 次，饱食投喂。第一次人工繁殖后，若生产需要二繁或三繁，亲鱼日投喂 2 次，饱食投喂。人工繁殖前停食 3 d。

根据水质、水位变化加注新水，稀释代谢废物，活化水质；低温季节每 15～20 d 注水 1 次，高温季节或生长旺季每 7～10 d 注水 1 次；产卵前 1 个月停止注水，防止亲鱼因流水刺激流产。根据鱼载量、水质、季节变化等灵活使用增氧机，利用增氧机的搅水、增氧功能，消除池底氧债，促进物质循环，抑制厌氧致病菌的繁殖，增加水体溶解氧，预防浮头；增氧机的使用遵循“三开二不开”原则。定期检测和了解水体硬度、酸碱度、NH_4^+-N、NO_2^--N、P 等理化指标及水质特性，针对性地采取解毒、改底、施肥和调水等技术措施。

坚持预防为主、防重于治的疾病防治原则，定期检查寄生虫、细菌性疾病，发现鱼病及时治疗。定期拌喂乳酸菌、丁酸梭菌、保肝利胆中草药和免疫刺激剂产品，保持肠道健康，增强鱼体体质。

三、团头鲂亲鱼培育

(一)亲鱼来源

团头鲂亲鱼可以池塘培育，也可以从天然水域中捕捞，或从外地引进。

(二)亲鱼选择

选择亲鱼要从几个方面着手：首先是亲缘关系的选择，也就是说从育种学的角度考虑，父本母本尽可能选用来自不同地理位置的亲鱼，以减少和控制近亲繁殖引起的性状退化现象。其次是亲鱼年龄和体重的选择，尽管团头鲂 2～3 龄、体重在 0.3 kg 以上即成熟，但初次性成熟的亲鱼卵粒小、怀卵量少、质量差。因此，选择亲鱼时一般以 3～6 龄鱼为宜，7 龄以后的亲鱼生殖能力开始下降，应逐年淘汰更新。另外，用于产卵的团头鲂，应无病无伤，且背高、尾柄短、体形近似菱形，个体规格应在 750 g 以上。选择双亲间的年龄和体重相近的鱼应作为亲鱼。

(三)亲鱼雌雄鉴别

团头鲂的雌雄鉴别基本上与草鱼的鉴别方法相同。在生殖季节团头鲂雄鱼头部、胸鳍、尾柄上和体背部均有大量的珠星出现，成熟的个体轻压腹部有乳白色精液流出。雄鱼胸鳍第一根鳍条肥厚而略有弯曲，呈“S”形。这个特征终生不会消失，可用来在非生殖季节区别雌雄。雌鱼的胸鳍光滑而无珠星，第一根鳍条细而直，除在尾柄部分也出现珠星外，其余部分很少见到；腹部明显膨大。具体见表 5-2。

表 5-2　团头鲂雌雄鱼特征

部位	雄鱼	雌鱼
胸鳍	第一根鳍条较粗较厚，稍尖，呈“S”形弯曲，此特征在当年鱼种阶段就可出现	第一根鳍条较细、较薄而平直
珠星	性腺成熟时，胸鳍前数根鳍条的背面、尾柄的背缘和腹缘均有密集的珠星	性成熟时，仅在眼眶骨及体背部有少量珠星
腹部	腹部较小，性腺成熟时轻压腹部有白色的精液流出	腹部较大、柔软，泄殖孔稍突出，有时红润

(四)亲鱼培育

团头鲂喜食苦草、轮叶黑藻、马来眼子菜、紫背浮萍等水生植物。人工投喂砸碎的螺蚬、饼类等饲料，同样喜欢摄食。团头鲂亲鱼饲养方法比较简单，一般在鲢鱼、鳙鱼、草鱼、青鱼的亲鱼池少量混养。如单独饲养，每亩放养 200～300 尾，鱼约 100 kg。一般每年每尾鱼除青饲料外，需投喂 1.0～1.5 kg 精饲料。

团头鲂亲鱼在 4 月上、中旬水温开始回升时，就必须把雌雄鱼分开饲养。否则一旦天气变化，如水温上升(20 ℃以上)，或遇大雨后，有流水进入池塘，增高池塘水位，亲鱼就会在池塘周围有杂草处自然产卵，造成损失。可在产卵前 20～30 d 将雌鱼捕出，放入另一鱼池暂养，待天气稳定后，再选择恰当时机催产。

任务二　鱼巢扎制、布置和管理

鲤鱼习惯在早上产卵，在天然水体中，所产的黏性卵需要附着在水草等物体上，一般把水草等供鱼卵附着的物体称作鱼巢。

一、制作人工鱼巢的材料

制作人工鱼巢要求所用的材料质地柔软，分枝细、多，附着面广，卵易附着，不伤鱼体，不易腐烂，不含有毒物质。制作鱼巢的材料很多，常见的有棕榈皮、水草和柳树须根等，其中以棕榈皮和柳树须根最好，这两种材料分枝多，卵的附着面积大，质地柔软，不易发霉腐烂，可以反复使用。生产上也可采用人造纤维制作鱼巢。

二、人工鱼巢制作

制作人工鱼巢前，要对材料进行消毒处理。柳树须根、棕榈皮等采用煮沸的办法消毒，一般要求煮沸 20 min 以上，清水漂洗后晒干。棕榈皮表面的光滑皮膜要搓去，并将纤维撕散，以增加着卵面积。其他材料在使用前，可用过硫酸氢钾复合物等药物浸洗消毒处理，经清水洗净后方可使用。

鱼巢的制作方法很多，各地可根据实际进行制作。制作时，先将棕榈皮等鱼巢材料的硬质部分剪去，以 3～5 片为一把，在基部用绳扎紧，并把棕榈皮拉成扇形，用前要消毒，以防产生水霉。

三、人工鱼巢布置

鱼巢在产卵池内布置适当与否，会直接影响雌鱼的产卵效率和鱼卵在巢上的附着率。鱼巢在产卵池中的布置形式很多，一般先将小把鱼巢间隔 30 cm 左右缚在绳上，再将绳的两端绑在竹竿或木杆上，然后并列放在产卵池的背风、朝阳、离岸边 1 m 处。两排间距 1～2 m。另一种形式是把鱼巢扎成较大的把子，每把分别用绳吊在竹竿一端，竹竿的另一端斜插在池边。鱼巢要浮在水面下 10～15 cm 处，不要下得过深。鱼巢放置的密度为每尾雌鱼 5～10 个鱼巢。

常见的布巢方法有悬吊式（图 5-2）和平列式（图 5-3）两种，另外还有环列式（图 5-4）。

图 5-2　悬吊式布巢

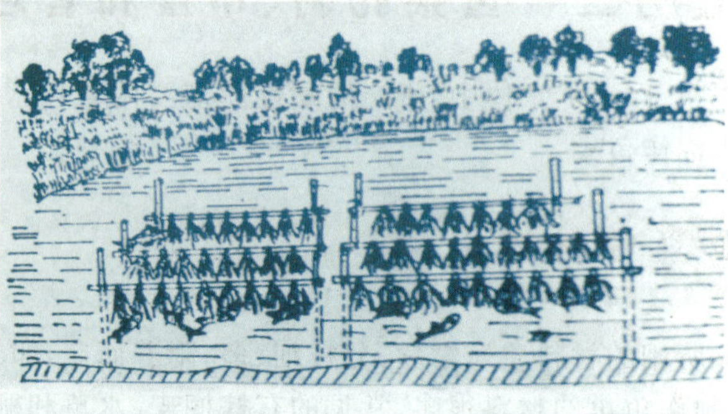

图 5-3　平列式布巢

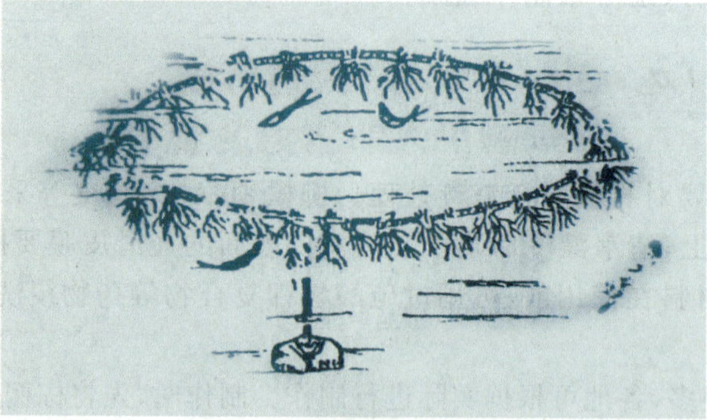

图 5-4　环列式布巢

四、人工鱼巢管理

鱼巢的管理应注意以下几点：

(1)准确估计产卵时间，及时投放鱼巢　过早投放用稻草扎制的鱼巢，久浸水中容易腐烂而影响水质，用棕榈皮和杨柳根须扎制的鱼巢，久浸水中则容易附着过多的淤泥而影响鱼卵的附着。过迟投放鱼巢则使亲鱼的成熟卵不能及时产出，影响产卵效果。

(2)适量投放鱼巢　每尾雌鱼以投放4～5束鱼巢为准，过少则鱼卵附着过密，将降低孵化率。

(3)及时取换鱼巢　发现鱼巢鱼卵附着适度时，应及时取出孵化，并更换新的鱼巢入池。

任务三　人工繁殖

一、鲤鱼人工繁殖

鲤鱼产卵对环境条件的要求不高，在一般江湖、池塘中均能自然产卵，人工繁殖中不需要像家鱼那样注射催情剂即可自行产卵。江浙地区当春季水温升高到18 ℃左右时即开始繁殖。北方开始产卵时的水温则较低，例如黑龙江地区鲤鱼在水温14 ℃时就可产卵，吉林地区为15 ℃，辽宁地区为16 ℃，一般1年产卵1次。也可用物候来判断产卵期，当桃花盛开的时候，正是鲤鱼开始产卵的季节。

(一)自然产卵

临近鲤鱼繁殖季节，应注意观察水温和亲鱼的活动情况。当天气晴朗，水温适当，早上和傍晚发现亲鱼绕池迅速游动，并时上时下有发情动作时，即可拉网选择成熟较好的雌雄亲鱼，进行人工繁殖。雌雄亲鱼搭配，一般采用1∶3的比例，也有1∶2或1∶1的。一般400 m² 的池塘可放20～30组(视鱼体大小而定)(图5-5)。试验证明，采用1∶1的比例搭配时也能达到较高的受精率。但配组不仅要考虑雌雄数量的比例，还要视鱼体大小灵活掌握。雌雄亲鱼配组放入产卵池后，最好加入新水3～7 cm，并放人工鱼巢。

图5-5　鲤鱼池塘自然繁殖(左)及所产卵粒(右)

如配组后数天不产卵，即要采取措施促进产卵：采用“晒背”和冲水相结合的办法，即将池水排出一部分，保持水深 17 cm 左右，使鲤背部露出水面。日晒半天，待傍晚时，再注入新水，达到原来水位，这样连续 1～2 d 就可促使亲鲤产卵。

鲤鱼一般午夜至翌日早晨 6:00—8:00 产卵最盛，到中午停止，但也有在下午或傍晚产卵的。鲤鱼产卵时，应保证周围环境的安静。产卵后，若鱼巢附满鱼卵，要及时捞起，计数后转入孵化池中进行孵化，并随时补放鱼巢。

在鲤鱼繁殖季节应根据实际需要，每天更换鱼巢。如果第一天放入鱼巢，次日亲鱼未产卵或鱼巢未用完，也需更新鱼巢并洗刷晾干，傍晚时再将其放入产卵池，以防鱼巢浸在水中过久黏附黏液或泥沙，影响卵的附着。

北方地区在鲤鱼产卵季节，常伴有寒潮侵袭，气温变化较大，因此要密切注意天气与气温的变化。如果气温持续升高，便可抓住时机，进行配组产卵。反之则不能进行配组或并池，防止寒潮的袭击，以免使亲鱼产卵中止影响全年生产。

（二）人工催情产卵

1.人工催情

为使亲鱼能集中产卵，鲤鱼也可采用人工催情产卵（图 5-6）。对鲤鱼的催产，一般长江流域在每年的 4 月上中旬就可开始进行，北方因气温回升相对较慢，一般要推迟到 5 月中下旬。催情方法和家鱼相似。鲤鱼亲鱼成熟度鉴别较困难，同时鲤鱼对催产剂也没有草鱼、鲢鱼敏感，因此对鲤鱼亲鱼催情，其注射催产剂的剂量一般要高一些，这样才能得到较好的催产效果。催产剂的种类和剂量为：HCG，每千克体重 1 500～2 000 IU；LRH-A，每千克体重 50～100 μg；高效鱼类催产合剂 2 号和 3 号的剂量分别为每千克体重 1 mg DOM＋20 μg LRH-A 和 1 mg DOM＋20 μg S-GnRH 或 PG 4～6 mg。

以上均为雌鱼的注射剂量，雄鱼的剂量为雌鱼的一半，其他注意事项同草鱼、鲢鱼催产方法。

图 5-6　鲤鱼亲本人工催产

2.人工授精

人工催产后，如果亲鱼成熟较好，即可进行产卵。当达到效应时间后，生产上常把即将产卵的亲鱼捞起进行人工挤卵，同时对成熟的雄亲鱼进行采精，使精卵充分结合后，将受精卵移到鱼巢上或经脱黏后放入孵化容器中进行孵化。

二、异育银鲫“中科5号”人工繁殖

(一)亲本选择

异育银鲫“中科 5 号”成熟雌鱼腹部膨大、松软而富有弹性，卵巢轮廓明显，轻压腹部生殖孔能外翻。检查卵巢，卵子饱满均匀、能分离；透明液观察，60%以上的卵子核偏位。

兴国红鲤雄鱼轻压腹部，能自流出乳白色精液，精液遇水即散。

每 100 kg 异育银鲫“中科 5 号”雌鱼配备 2 尾兴国红鲤雄鱼，每个催产批次应至少配备 2 尾雄鱼，以防因单尾雄鱼精子质量欠佳而影响整批鱼卵的受精率。

(二)人工催产

催产池以面积 20～100 m^2 的水泥池为宜，水深 0.6～0.8 m，具有增氧设施，池底、池壁光滑，防止擦伤鱼体。

催产季节一般为 4 月上旬至 6 月下旬。适宜催产水温 16～26 ℃，最佳催产水温 18～22 ℃；水温低于 16 ℃，需采取加温措施；水温高于 26 ℃，需采取降温措施。

催产药物为鱼用促黄体素释放激素类似物(LRH-A)、鱼用绒毛膜促性腺激素(HCG)和马来酸地欧酮(DOM)。催产剂根据水温、成熟度和肥满度等因素灵活掌握。催产激素配比与不同水温、针距的关系见表 5-3。

表 5-3　催产激素配比与不同水温、针距的关系

针次	剂量											
	16～18 ℃			19～21 ℃			22～24 ℃			25～26 ℃		
	LRH-A μg/kg	HCG IU/kg	DOM mg/kg	LRH-A μg/kg	HCG IU/kg	DOM mg/kg	LRH-A μg/kg	HCG IU/kg	DOM mg/kg	LRH-A μg/kg	HCG IU/kg	DOM mg/kg
第一针	2	—	0.5	1.5	—	0.5	1	—	0.5	4	500	4
第二针	6	800	6	5.5	700	5.5	5	600	5	—	—	—
针距/h	12			10			8			—		

催情激素用 0.9%的生理盐水溶解、混合均匀，水温 16～24 ℃分 2 次注射，水温高于 24 ℃ 1 次注射，每尾注射 0.5 mL；第 1 次和第 2 次注射剂量及针距见表 5-3。采用胸鳍基部注射。水温低于 20 ℃时，雄鱼注射剂量为雌鱼的 1/2；水温高于 20 ℃时，雄鱼注射剂量为雌鱼的 1/3；雄鱼在雌鱼注射第 2 针时注射相同剂量。催产数量较大时，应根据挤卵的速度，间隔一定的时间分批注射，避免因催产数量过大、操作滞后，造成卵子过熟。

(三)人工授精

待雌鱼开始发情，捞取雄鱼，擦干体表水分，挤出精液，按精液和精子保存液 1∶1的比例加入保存液，混合均匀，在冰箱 4 ℃保存待用。

当雌鱼沿催产池边互相追逐、水面出现泡沫、能顺利挤出卵子时，捕捞雌鱼，擦干体表水分，将卵子挤入 1 000 mL 干燥的不锈钢盆中，每 15 min 收集 1 次，集中到 10 L 的不锈钢盆中。

受精时每 2 500 g 卵子取 500 mL 0.3%的生理盐水，将 3 mL 稀释的精子加入 0.3%的生理盐水中快速搅拌均匀、激活精子，然后倒入 2 500 g 卵子中搅拌受精 1 min，倾去上清液。

受精后的卵子用黄泥浆脱黏、洗净。

(四)受精卵孵化

孵化用水水源水量充足,水质清新,水质符合《渔业水质标准》(GB 11607—1989)的规定;孵化用水提水须用砂滤和 0.150～0.125 mm 的筛绢过滤,溶解氧应保持在 7.0 mg/L 以上。

采用环道孵化。将脱黏、洗净的受精卵放入孵化环道,每立方米水体放养 2 500 g 卵子。受精卵入孵化环道后,应严格控制水流,以受精卵不沉积在底部、保持翻转的流速为宜。鱼苗完全脱膜后,降低流速,以鱼苗不沉底、不缺氧为宜。孵化过程及时检查孵化设备运行状态,观察胚胎发育进展,清洗滤网,调节水流,发现问题及时处理。及时洗刷和清理过滤纱窗,防止受精卵或鱼苗溢出环道。水温高于 26 ℃以上易造成鱼苗畸形,因此孵化水温应控制在 26 ℃以下。

异育银鲫"中科 5 号"的胚胎发育主要与水温密切相关,鱼苗出膜所需要的时间见表 5-4。

表 5-4　水温与鱼苗出膜时间的关系

温度/℃	16～18	19～21	22～24	25～26
出膜时间/h	78～86	68～74	48～62	36～42

注:异育银鲫"中科 5 号"人工繁殖相关数据根据省级水产良种场射阳康余水产技术公司生产整理。

三、团头鲂人工繁殖

团头鲂的生殖季节稍迟于鲤鱼,比鲢鱼、鳙鱼、草鱼、青鱼等早 10 d 左右。团头鲂在湖泊、水库等水域中能自然繁殖。在池塘条件下,一般不会自然产卵。但是当亲鱼性腺已充分发育成熟,有适当的环境条件时(如流水与水草)也能自然产卵。为了避免团头鲂亲鱼零星产卵,应根据亲鱼性腺发育状况,抓住适宜的生产季节,采用人工催情方法进行繁殖,让其集中产卵,以获得大量鱼苗。

团头鲂的催产剂种类与家鱼基本相同,一般 1 次注射,但使用剂量比家鱼偏高一些。常用剂量,一般 1 kg 左右的亲鱼每尾注射鲤脑垂体 6～8 个(等于干重 6～8 mg);HCG 1 600～2 400 IU;LRH-A 25～50 μg。雄鱼用量减半。注射时间可在前一天傍晚,使之在翌日黎明前后产卵。水温 24～25 ℃时,效应时间为 8 h 左右;水温 27 ℃时,效应时间为 6 h 左右。如亲鱼性腺发育较差,或在催产早期,也可进行 2 次注射。第 1 次注射可在傍晚进行,剂量为每尾雌鱼 LRH-A 2～3 μg,注射后放入催产池,少量微流水(主要是防止亲鱼缺氧浮头),12～24 h后,再进行第 2 次注射,剂量为每千克亲鱼 HCG 1 600～2 400 IU＋LRH-A 23～47 μg;雄鱼一般不注射 LRH-A,单注射 HCG,剂量减半。

团头鲂的卵为黏性卵。亲鱼经注射后,放入产卵池或孵化环道内,布置好鱼巢,并以微流水刺激,让其自行产卵。产卵池的管理方法与鲤鱼相同,但团头鲂卵的附性较差,容易散落池底。为了能充分收集鱼卵,可在池底铺设一层芦席或沉水鱼巢收集鱼卵。也可布置少量鱼巢,让产出的绝大部分卵黏附在环道壁上。产卵结束,捕出亲鱼后,将鱼卵洗刷下来,放入孵化桶内孵化。

另外,也可采用人工授精方法,并使受精卵脱黏(与鲤鱼卵脱黏法相同),进行流水孵化,能提高孵化率。团头鲂每千克体重平均产卵数为 8 万～10 万粒。

任务四　受精卵脱黏

鲤鱼、鲫鱼、鲂鱼卵为黏性卵，要经过脱黏处理，然后采用人工授精法取得的受精卵放在孵化桶等孵化器中进行流水孵化。

一、泥浆脱黏法

先将细泥土与水混合成泥浆水，用规格 2.54 cm 40 目的筛过滤，浓度像米汤一样，放在缸内备用。一人用手不停地翻动泥浆水，另一人立即将少量的受精卵撒在泥浆水中脱黏。待全部鱼卵撒完后，继续翻动泥浆 1～2 min。然后将泥浆连同受精卵一起用网箱过滤，洗去多余的泥浆，筛出鱼卵，过数后放入孵化器中孵化。

二、滑石粉脱黏法

滑石粉[即硅酸镁 $Mg_3(Si_4O_{11})H_2O$]代替泥浆脱黏，效果甚好。滑石粉颗粒微细，不会在卵膜上形成浓厚的黏附层，增加鱼卵的比重，而且卵膜仍相当透明，便于观察胚胎发育状况。在鱼卵孵化过程中，黏附的滑石粉逐渐脱落，鱼卵更加透明。加入一定量的氯化钠，能提高脱黏效果。滑石粉脱黏，方法简便。取 100 g 滑石粉和 20～25 g 氯化钠混合，溶于 10 L 水中，搅拌成滑石粉悬浮液。每 10 L 滑石粉悬浮液可脱黏鲤鱼卵 1.0～1.5 kg。生产实践证明，将滑石粉悬浮液慢慢地倒入盛有受精卵的盆中，一边倒一边搅拌，受精卵不会出现结块现象。悬浮液变清后，撇出上层清液，再逐渐加入悬浮液，同时进行搅拌。这样操作 3～4 次后，经 25 min，受精卵全部呈分散颗粒状，达到脱黏效果。随后放入孵化器中孵化。

三、清水机械脱黏法

操作步骤：500 g 的受精卵先加入 100～150 mL 水用人工或机械带动羽毛，搅拌 1 min 后，再加入 500 mL 水，再迅速地搅拌 2～3 min，然后加入 1 000～1 500 mL 水，继续搅拌 25～30 min，即可将黏性脱去。用此法脱黏，可以避免脱黏剂颗粒对卵膜的损伤，从而可减少水霉病的感染而且卵粒透明，便于观察胚胎发育。

四、食盐脱黏法

将受精卵放入相当于卵体积 3～5 倍的 0.6%食盐水中，经过 0.5～1 h 的搅拌后即可脱黏。

也有采用尿素液脱黏的。这种脱黏方法效果较好，卵膜透明，便于观察胚胎发育情况，缺点是脱黏时间长，生产效率低。脱黏液分两种，即 1 号脱黏液（3 g/L 尿素和 4 g/L 食盐）和 2 号脱黏液（8.5 g/L 尿素）。具体方法是：卵受精 3～5 min 后，先加 1 号脱黏液（鱼卵的 1.5 倍），搅拌 1.5～2 h，倒去该脱黏液再加 2 号脱黏液（为鱼卵量的 10 倍），每隔 15 min 搅拌 1 次，2～3 h 后，鱼卵黏液便完全脱掉。

任务五 受精卵孵化

一、池塘孵化

目前生产上多用鱼苗培育池孵化，可充分利用水面，减少鱼苗转塘的麻烦，但是常因鱼卵受精率、孵化率不稳定，造成塘内鱼苗数量不易掌握。因此，在孵化过程中，应该认真检查受精卵的受精率，正确估计其孵化率，从而调整池内鱼巢数量，力求孵化出的鱼苗密度适宜。孵化时要特别注意将不是同一批产的卵放在不同的池塘内进行孵化，以防鱼苗孵出后，在培育期内生长不同步。

(1)孵化池　目前，孵化鱼苗的池塘有两种：一种是土池，面积 500～1 000 m^2，水深 0.5～1.0 m，也有直接用鱼苗池代替的，但要求注排水方便，水质清洁，酸碱度适中，底质坚硬，专用孵化池的池壁最好铺设水泥板护坡，以利出苗。另一种为砖修的水泥池，或者用四大家鱼的孵化池，面积 20～100 m^2，水深可保持在 50～80 cm，使用前彻底消毒。

(2)孵化密度　普通土池，一般放养鱼卵的密度为 0.5 万～1.0 万粒/m^2，水泥池放养鱼卵的密度可为 5 万～10 万粒/m^2。

(3)孵化方法　一般将鱼巢悬挂在鱼池水中即可。但为了提高孵化率，常采用在孵化池搭设孵化架，用绳在水面下 17 cm 左右相互连接形成网状，然后把鱼巢解开，将鱼卵附着物散开平铺在绳网上，进行孵化。这种方法鱼巢不致重叠，氧气丰富，水霉菌也不易感染，故孵化率较高。

鱼苗刚孵出，不可立即将鱼巢取出。因这时鱼苗都附在鱼巢上，不会游泳，以卵黄囊的卵黄作营养。要待卵黄囊基本消失，鱼苗具有游泳能力，能主动摄食时，才能将鱼巢取出。如在清水孵化池孵化，待到发眼期后，将鱼巢移入已清整好的较肥的鱼苗培育池，这样鱼苗成活率较高。

(4)孵化管理　在鱼巢移入孵化池前要先进行消毒，以防治水霉病。一般水温在 18～20 ℃ 时，可用 3%～5%的食盐水浸泡 10 min，然后将已消毒过的鱼巢移入孵化池。操作时动作要轻、快，避免阳光直射。鱼巢入水后，不能露出水面，但也不宜过深。一般在水面以下 20～30 cm，最好能上下移动，以便在天气变化时适当调节鱼巢深度。

孵化时间视水温确定，水温在 18～20 ℃时需 4～6 d 出膜；水温在 25～28 ℃时，则 3～4 d 可以出膜。鲤鱼出膜后，游泳能力差，常附在鱼巢上。2～3 d 后，卵黄囊消失，需及时喂食，直到鱼能自由游泳时，再轻轻抖动，取出鱼巢，转入培育阶段。若是用鱼苗池孵化，则需提前肥水。

孵化过程中要始终保持孵化池中的水质清新，溶解氧充足。一般情况下，孵化池只要保持一定的水位即可。但在较小的孵化池中，尤其在水泥孵化池中，常因孵化密度较大，在水温较高时，由于死卵和鱼巢的腐败而消耗氧气，使池塘缺氧。因此，在孵化过程中要经常测定溶解氧，发现溶解氧量较低或水中多泡沫时，就要及时加注新水或部分换水，特别是在傍晚时更应及时加注新水，以防夜间缺氧引起鱼卵死亡。

当遇到水温骤降或上升过高时，要及时把鱼巢沉入水下深处，并补注新水提高水位，避免低温或高温的危害。还要注意防止暴风雨的侵袭，可用塑料布、席子等将孵化池遮盖。

要防止孵化池中浮游生物的大量繁殖生长。孵化用水尽量不用池塘的肥水，当浮游植物大量繁殖时，白天由于光合作用，会引起孵化池溶解氧达饱和甚至过饱和状态，鱼卵极易得气泡病，从而抑制胚胎发育。如果浮游动物大量繁生，则会造成孵化池缺氧。因此，当孵化池中浮游生物大量繁殖时，要注新水进行调节。

为了防止孵化过程中水霉菌的滋生，在整个孵化期间，每天要用3%的食盐水在孵化鱼巢的周围泼洒1次，或在孵化池中用漂白粉进行挂袋，使药物在水中保持一定的浓度，抑制水霉的生长。另外，随时捞除蛙卵，以免其数量太多，危害鱼卵或鱼苗。

团头鲂卵的池塘孵化方法和鲤鱼一样，一般利用鱼苗培育池，每亩放卵30万～40万粒的鱼巢。在水温23 ℃(20～23 ℃)时，经44 h孵出；水温25～27 ℃时，经38 h孵出。出膜后4 d左右鱼苗可主动摄食。鱼苗孵出后即在本塘培育。但此法孵化率较低，目前生产上较少采用。

二、淋水孵化

选择通风的房屋，在室内搭架，将鱼巢均匀地悬挂在支架上；或在架上设竹帘，将鱼巢平铺在竹帘上。经常用水壶淋水，淋水时间和次数以保持鱼巢湿润为度。孵化期间室温控制在20～25 ℃，因此有必要在室内装置有烟囱的火炉，以便低温时加温。当胚胎发育到发眼期时，应立即将鱼巢移到孵化池内孵化。

三、脱黏流水孵化

经脱黏处理的受精卵，可放在孵化桶等孵化器中进行流水孵化。这对减少水霉菌的感染，提高孵化率有好处。

鲤鱼卵的孵化管理方法和家鱼相同。但因鲤鱼卵膜膨胀较小，密度较大，且表面附有泥沙，冲卵时水流比家鱼略大，以能将卵冲起并均匀分布为度。当鱼苗开始出膜时，则要特别注意减小水流，最好转入网箱继续孵化。此外，还可用网箱进行静水孵化，其孵化率也很高，每平方米网箱放卵10万～15万粒。放卵时，将卵粒均匀撒播于网底，不要用力猛拉网箱或搅动箱内水层，以免卵粒堆积缺氧。管理时，每天只需洗箱1次。操作方法是：先将网箱提出水面，将卵粒集中撒到脸盆内，再洗净箱布，然后将卵粒均匀撒于箱内继续孵化。到出膜前夕（两眼色素出现），停止洗箱。当鱼苗能游动时，只需拨动箱布外水进行洗箱，直到鱼鳔出现，体色由黑色转为淡黄色时即可下塘饲养。近年来，有些渔场还采用塑料袋充氧孵化鲤鱼卵，效果也很好。

孵化环道、卵化槽设计的水流并不向上，只适用于半浮性卵的孵化。脱黏后的鲫鱼卵为沉性卵，如放入这类孵化器内，鱼卵的分布必然不均匀。其上层卵少，下层卵密度大，而且其底部往往有死角，鲫鱼卵容易在死角处堆积，严重影响其出苗率。故鲫鱼卵一般均采用孵化桶孵化，鱼卵在其内分布均匀、无死角。放卵密度比鲢鱼、鳙鱼卵高1倍，即1 mL水放卵2～5粒。孵化桶的日常管理以及出苗方法同鲢鱼、鳙鱼。

团头鲂卵黏性较差，可将黏附鱼卵的鱼巢在水中搓洗，使鱼卵从鱼巢上脱落下来，直到鱼巢上的卵基本洗净为止。然后再将洗落下来的团头鲂鱼卵中的杂物清除，转入孵化器中。人工授精的鱼卵可直接脱黏（方法同鲤鱼）后放入孵化桶内孵化。团头鲂的孵化技术与管理方法除了与家鱼相同之处外，还有其固有的特点：

①团头鲂鱼卵易感染水霉菌，消毒后再放入孵化桶中孵化。

②团头鲂的脱黏卵在静水中沉于池底。孵化环道水流不均匀，易产生死角，不易将沉性卵均匀冲起，因此宜用流水均匀的孵化桶。

③团头鲂受精卵的卵周隙不大，吸水后卵径一般为 1.3 mm。刚孵出的仔鱼细小，长 3.5～4.0 mm。因此，孵化桶窗纱的网目要选用 2.54 cm 70 目这种规格的，防止刚孵出的鱼苗漏失。

④团头鲂鱼卵的卵黄积累较少，因此它与草鱼、青鱼、鲢鱼、鳙鱼胚胎发育不同，从鳔充气到卵黄完全吸收这段时间很短，即其混合营养阶段的时间很短。据测定（柯鸿文，1991），从鳔充气到卵黄吸收期时间仅 9 h，比草（28 h）、鲢（22 h）短得多。草鱼、鲢鱼苗的出苗标准是：鳔充气，经 7～8 h 开口摄食后，此时才下塘（俗称老苗下塘）。团头鲂鱼苗如照搬上述出苗标准，就会因团头鲂鱼苗卵黄耗尽，得不到体外营养补充而造成大批死亡。正确的方法是一旦鳔充气后，随即出苗、下塘（俗称嫩苗下塘）。长途运输（运输时间 12 h 左右）必须选择在眼黑色素期至鳔雏形期。

职业能力测试

项目五测试题

项目五测试题参考答案

思考与练习

1. 简述鲤鱼、鲫鱼、鲂鱼雌雄区分方法。
2. 简述鲤鱼、鲫鱼、鲂鱼亲鱼培育方法。
3. 什么是人工鱼巢？人工鱼巢制作的基本要求有哪些？
4. 简述鲫鱼催产剂配制方法。
5. 简述鲫鱼受精卵脱黏方法。
6. 简述鲫鱼、鲂鱼受精卵孵化方法。

项目六

鱼苗培育

知识目标

1. 熟悉鱼苗培育过程各阶段俗称及其主要养殖生物学特性。
2. 熟悉池塘轮虫的繁殖和生长生物学特性。
3. 熟知鱼苗培育管理主要技术要点。
4. 掌握鱼苗拉网锻炼的目的和主要操作要点。

能力目标

1. 能根据具体生产实际,组织水花的捕捞和运输。
2. 能根据具体生产实际,开展轮虫培育。
3. 能根据具体生产实际,开展鱼苗培育管理。
4. 能合理组织鱼苗拉网锻炼,并对鱼苗培育结果进行分析评价。

素质目标

1. 树立热爱生命和关爱生命的理念。
2. 提升团队协作意识。

鱼苗培育是鱼类养殖的一个关键环节,专业性和技术性较强。鱼苗个体小、活动能力弱、鱼苗培育每一步(次)操作都需要仔细、规范;同时,鱼苗初期口径小、食谱范围窄、捕食能力差、抗应激能力差,需要专池进行培育。

任务一　鱼苗捕捞和运输

一、鱼苗种类及质量鉴别

(一)鱼苗种类区分

从鱼卵中孵出后经过 3～4 d 胚后发育,卵黄囊即将消失,能平游,鳔已充气,口已张开,能摄食外界营养物质的小鱼，体长通常 7～8 mm，称为鱼苗或水花（图 6-1）。根据其外形特征、鳔的大小和形状、体色和色素的分布情况、尾鳍的形状和血管分布情况特征区分其种类（表 6-1）。

图 6-1　鱼苗

表 6-1　几种鱼苗区分方法

种类	体形	体色	色素（青筋）	鳔（腰点）	尾部
草鱼	较青鱼、鲢鱼、鳙鱼短小，但比青鱼胖	淡橘黄色	明显，起自鳔前，达肛门之上	椭圆形，较狭长而小，距头部近	尾小，笔尖状，具红色血管丛，俗称“红尾巴”
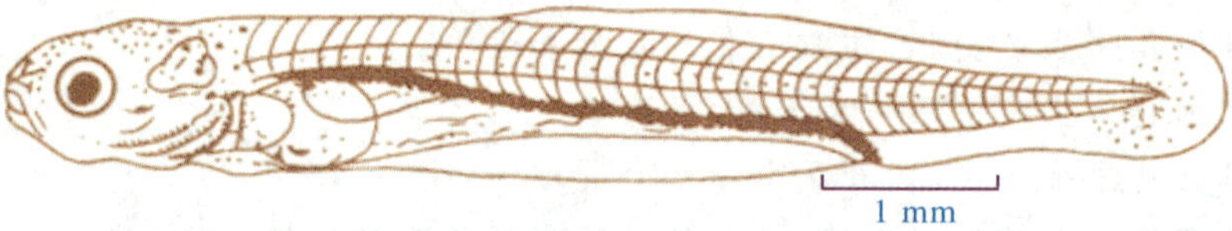					
青鱼	体长，略弯曲，俗称“驼背青鱼”	淡黄色	灰黑色，明显直达尾端，在鳔处略向背面拱曲	椭圆形，较狭长。前端钝，后端尖	有不规则小黑点，俗称“芦花尾”
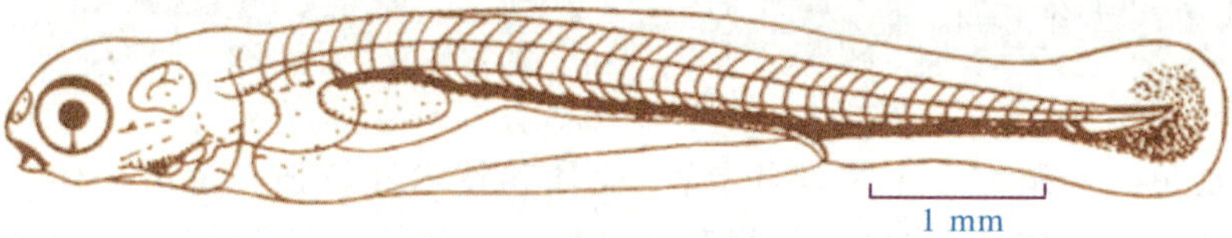					
鲢鱼	体平直，仅小于鳙鱼和青鱼苗	灰白或灰黑色	明显，自鳔前到尾部，但不到脊索末端	椭圆形，前端钝，后端尖	上下叶具二黑点，上小下大，尾呈现“刀切形”
鳙鱼	体较大，肥胖	嫩黄色	黄色，较直，在肛门后不明显	椭圆形，较鲢鱼大。距头部远	“蒲扇形”，下叶具一黑点
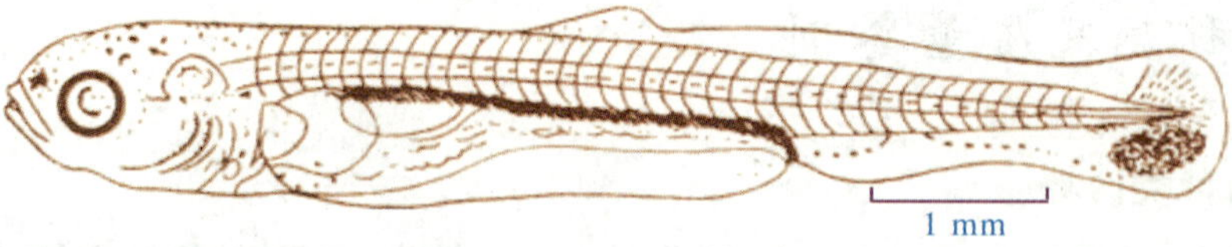					

续表 6-1

<table>
<tr><th>鱼苗</th><th>体形</th><th>体色</th><th>色素(青筋)</th><th>鳔(腰点)</th><th>尾部</th></tr>
<tr><td>鲤鱼</td><td>体粗而短，头大，鳔后部渐小</td><td>浅赭黄色</td><td>灰黑色</td><td>卵圆形，后端稍尖</td><td>尖细</td></tr>
<tr><td colspan="6">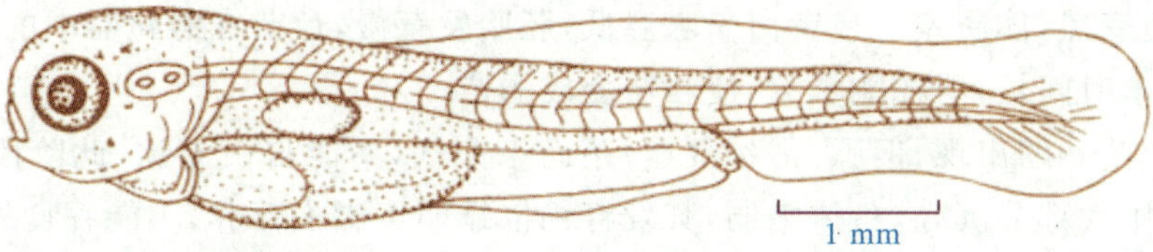</td></tr>
<tr><td>鲫鱼</td><td>体短小，楔形，鳔后部渐小</td><td>淡黄色</td><td>粗，呈黑色</td><td>卵圆形，前端钝，后端尖</td><td>尾鳍椭圆形，下叶有不规则黑色素丛</td></tr>
<tr><td colspan="6">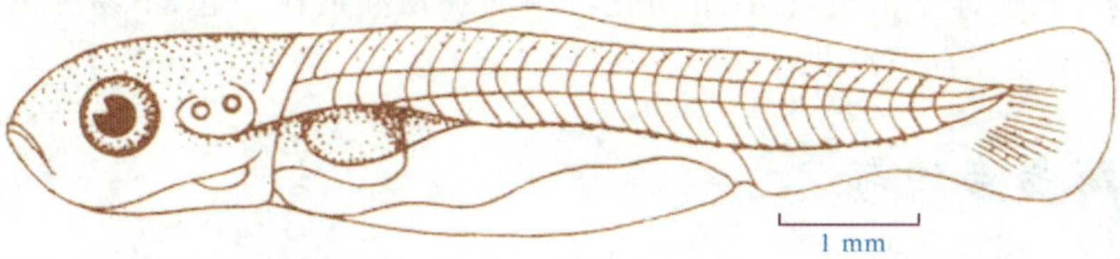</td></tr>
<tr><td>团头鲂</td><td>细而短</td><td>透明无色</td><td>无</td><td>较小、卵圆形</td><td>尾鳍褶后缘平截，俗称“刀切尾”</td></tr>
<tr><td colspan="6">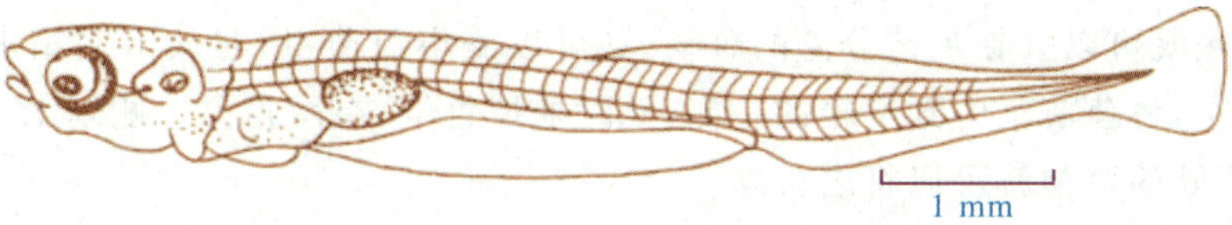</td></tr>
<tr><td>鲮鱼</td><td>短小、胖</td><td>稍呈红色</td><td>无</td><td>葫芦形，前端钝，后端尖</td><td>尾鳍椭圆形，基部有一丛星状色素</td></tr>
</table>

(二)鱼苗质量鉴别

鱼苗因受鱼卵质量和孵化过程中环境条件的影响，体质有强有弱，这对鱼苗的生长和成活有很大影响。生产上可根据鱼苗的体色、游泳情况以及挣扎能力来区别其优劣(表 6-2)。

表 6-2　鱼苗质量鉴别方法

(引自《鱼类增养殖学》)

鉴别方法	优质苗	劣质苗
体色	群体色素相同，无白色死苗，身体清洁，略带微黄色或稍红色	群体色素不一，有白色死苗。鱼体拖带污泥，体色发黑带灰
游泳情况	在容器内，将水搅动产生旋涡，鱼苗在旋涡边缘逆水游泳	鱼苗大部分被卷入旋涡
抽样检查	在白瓷盆中，口吹水面，鱼苗逆水游泳。倒掉水后，鱼苗在盆底剧烈挣扎，头尾弯曲成圆圈状	在白瓷盆中，口吹水面，鱼苗顺水游泳。倒掉水后，鱼苗在盆底挣扎力弱，头尾仅能扭动

在鱼类人工繁殖过程中，容易产生四种劣质鱼苗：

杂色苗：一个孵化器中放入两批间隔时间过长的鱼卵，致使鱼苗嫩老混杂；或因停电、停水等原因，造成各孵化器底部管道回流，各种鱼苗混杂在一起。

胡子苗：由于鱼苗已发育到合适的阶段未能销售，只能继续在孵化器或网箱内囤养，鱼体色素增加，体色变黑，体质差。或者由于水温低，胚胎发育慢，鱼苗在孵化器中的时间过长。或者由于鱼苗顶水时间长，消耗能量大，使壮苗变成弱苗。

困花苗：鱼苗胸鳍出现，但鳔（俗称腰点）还尚未充气，不能自由游泳，此阶段称为困花苗。困花苗在静水中大部分沉底，鱼体嫩弱，其发育仍依靠卵黄囊为营养，不能吞食外界食物，运输时容易死亡。

畸形苗：由于鱼卵质量或孵化环境的影响，造成鱼苗发育畸形（常见的有围心腔扩大、卵黄囊分段等）。畸形苗游泳不活泼，往往和孵化器中的脏物混杂在一起，不易分离。畸形苗在鱼苗培育池中一般不能发育至夏花。

二、鱼苗捕捞与运输

（一）鱼苗收集转移

将孵化器中（孵化桶或孵化池）的水花分别移至出苗池的长网箱内，用白瓷盆等工具将死苗舀出。长网箱既可以去除鱼苗分泌的赃物，又可以密集鱼苗，用时放下网箱水下的网绳，用竹竿将网箱隔小，将鱼苗集中到网箱的一侧，此时抽掉竹竿，在网箱另一侧划水，鱼苗顶水游向划水处，留在原处的赃物就可以将之去除。

（二）鱼苗计数

将长网箱中密集好的鱼苗移入小网箱，准备计数，提起小网箱，使鱼苗在小网箱一角密集，小网箱底部既不能离水，又不能浸没太深。用鱼苗捞海捞取鱼苗，倒入小杯中，再将小杯中的鱼苗迅速倒入盛水的水盆中，小网箱中的鱼苗装杯应连续进行，一气呵成。水花计数可先计数1小杯有多少尾水花，再根据装袋运输的数量需要，倒相应杯数于水盆中，从而计算出总数量。

（三）鱼苗装袋与运输

1. 制订运输计划

在鱼苗运输前，尤其是长距离运输时，要事先制订详尽的运输计划，包括运输容器、交通工具、人员组织以及中途换水等事项，若是托运，还需算好运抵时间，以便通知接货人准时接货。

慎选运鱼用水。运输鱼苗的用水，只要是无污染、水质清新的河水或水库水均可；如用井水可取一部分井水加一部分较清的原塘水合成，要求水温须与鱼苗养殖池水温基本一致。在运输中要随时注意温度变化，作适当升温或降温准备。

选好运输方法。常用的鱼苗运输方法有两种：一是短距离运输，通常运输时间在4 h以内，可用塑料桶、塑料袋、鱼桶等器物装水运输。二是长距离运输，一般运输时间在5～20 h，可使用尼龙薄膜袋充氧运输（图6-2）或活鱼运输车运输。前者运量小，简单方便；后者运量大，成活率高，比较常用。

2.运输时间的选择

鱼苗在温度低时吃食少，耗氧低，且温度越低，水中溶解氧越多。因此，在温度低时运输鱼苗成活率高。同时水温越低，鱼苗活动越弱，在捕捞、装运时受伤概率越小。实践证明，水温在 15～20 ℃时运鱼最好。如必须在冬季运输鱼苗，一定要注意保暖，水温过低，会使鱼苗冻伤。若在夏季运输，可在塑料袋外加冰块降温，效果颇佳。最好避开高温季节，特别是晴天光照强烈的中午、阴雨天气和凌晨等出现严重缺氧浮头的时间段运输鱼苗。

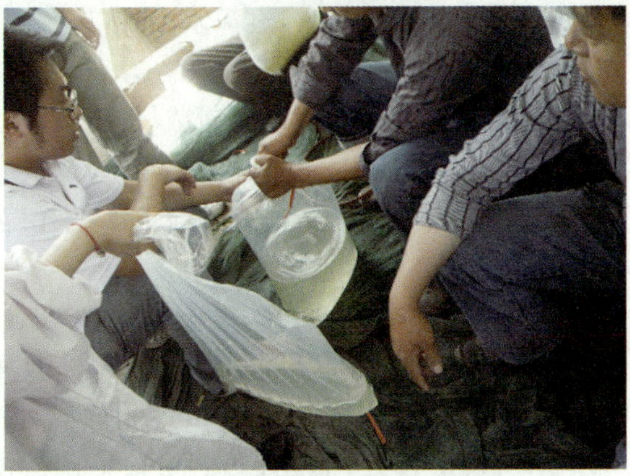

图 6-2　鱼苗尼龙袋充氧运输

3.合理装鱼

用尼龙薄膜袋装鱼苗要求动作轻快，讲究方法，尽量减少对鱼苗的伤害。通常要注意以下几个环节：一是选袋。选取 70 cm×40 cm 或 90 cm×50 cm 的塑料袋，检查是否漏气。将袋口敞开，由上往下用力甩，并迅速捏紧袋口，使空气留在袋中呈鼓胀状态，然后用另一只手压袋，看有无漏气的地方。也可以充气后将袋浸入水中，看有无气泡冒出。二是注水。注水要适中，一般每袋注水 1/4～2/5，使用尼龙薄膜袋时，以鱼苗能自由游动为好。注水时，可在尼龙薄膜袋外再套一只相同规格的袋，以防尼龙袋破损。三是放鱼。按计算好的装鱼量，将水盆中鱼苗轻、快地装入袋中，鱼苗宜带水分批装袋。四是充氧。把尼龙薄膜袋压瘪，排尽其中空气，然后缓慢装入氧气，至袋鼓起略有弹性为宜。五是扎口。扎口要紧，防止水和氧气外流，一般先扎内袋口，再扎外袋口。六是装箱。扎紧袋口后，把袋子装入纸箱或泡沫箱中，也可将尼龙薄膜袋装入编织袋后放入箱中，置于阴凉处，防止曝晒和雨淋。

使用尼龙袋运输应注意以下问题：

①尼龙袋在使用前应检查是否有破裂。

②应轻拿轻放，平放于木箱和纸箱中，避免在地上拖摔或放在高低不平的地面上，以防破裂。

③充氧要适中，一般以袋表面饱满有弹性为度，不能过于膨胀，以免温度升高或剧烈震动时破裂，特别是空运时，充气更不宜多，以防高空气压低而引起破裂。

④要准备几个空袋并冲氧气。运输途中应经常检查有无漏气漏水的地方，如有发生，要及时进行粘补或更换新袋。

为了减少鱼苗运输过程中受伤感染，可在每只尼龙袋内放入四环素 0.25 g，具有较好的防病效果。

三、鱼苗下塘

(一)下塘前的准备工作

(1)鱼苗池整理及清塘　选择鱼苗池要求池堤坚实，不漏水，水源充足，注排水方便。鱼池要背风向阳，长方形，东西向。鱼池不宜过大，水体不宜过深，过大容易形成风浪，鱼苗随风浪与池壁碰撞，影响成活率，过深水温难以升高。选择好鱼苗池后，要进行池塘修整和药物清塘。鱼苗放养前 10 d，抽干池水，清除杂草，挖去过多的淤泥。每亩用块状生石灰 75 kg 化水后全池泼洒，或用药用清塘剂杀死病菌、寄生虫和敌害生物。进水时，进水口要用双层密网过滤，以防野杂鱼类进入池中，发现蛙卵和水草，要及时清除。

(2)做好“试水” 鱼苗放养前 1 d，取几尾鱼放在鱼池网箱中，观察 1 d，若鱼活动正常，说明毒性已消失。观察池中有无水蚤。

(3)检查池水肥瘦程度 池水过肥，可加些新水，如大型浮游动物繁殖过多，可用 1～1.5 g/m^3 2.5%敌百虫杀死。为了防止大型浮游动物大量繁殖，每亩可先放 13 cm 左右的健康鳙鱼种 200～300 尾，待鱼苗下塘前再全部捕出。

(二)暂养鱼苗、调节水温、饱食下塘

塑料袋充氧密闭运输的鱼苗，鱼体内往往含有较多的二氧化碳。特别是长途运输的鱼苗，血液中二氧化碳浓度很高，会使鱼苗处于麻醉甚至昏迷状态(肉眼观察，可见袋内鱼苗大多沉底打团)。如将这种鱼苗直接下塘，成活率极低。因此，凡是经运输的鱼苗，必须先放在鱼苗箱中暂养，10～15 min 后再放入加倍的池塘水。

氧气袋与鱼池水温度不能相差 3 ℃及以上，若温差过大，容易引起鱼苗感冒，成活率大大降低，所以暂养前，先将鱼苗袋放入池内，原袋中未放粗盐的，可放适量的粗盐(约占袋内浓度的 0.6%)浸洗鱼苗，一般约需 15 min，既可使袋内外水温一致，又可杀灭鱼苗体表寄生虫，然后再开袋放入池内的鱼苗箱中暂养。暂养时应经常在箱外划动池水，增加箱内水的溶解氧。一般经 0.5～1.0 h 暂养，可将鱼苗血液中过多的二氧化碳排出，鱼苗集群在网箱内逆水游泳。

鱼苗经暂养后，需泼洒鸭蛋黄水。鸭蛋需在沸水中煮 1 h 以上，越老越好，以蛋白起泡者为佳。将蛋黄放入 40 目聚乙烯网袋中，网袋放入稍大的盛水塑料盆内，揉细蛋黄，经过滤后蛋黄颗粒溶于水，然后将之均匀洒在暂养池内，待鱼苗经 20 min 饱食后，肉眼可见鱼体内有一条白线时，方可下塘，一般 1 个鸭蛋黄可供 10 万尾鱼苗摄食。下塘时如遇风浪，应选择上风离岸 2～4 m 处放苗。

鱼苗下塘时，面临着适应新环境和尽快获得适口饵料两大问题。在下塘前投喂鸭蛋黄，使鱼苗饱食后放养下塘，实际上是保证了仔鱼的第一次摄食，其目的是加强鱼苗下塘后的觅食能力和提高鱼苗对不良环境的适应能力。

任务二　饵料选制与投喂

一、提高自然状态下轮虫休眠卵的萌发率

一般经多次养鱼的池塘，塘泥中均贮藏有大量的轮虫休眠卵，据测定，每平方米有 100 万～200 万个，主要分布在淤泥表层(0～5 cm)，但完全暴露于淤泥表面或漂浮于水层中、能够萌发的却很少，仅占 0.6%，其余的均被埋在塘泥中，因得不到足够的氧气和受机械压力而不能萌发。池塘天然生产力培养轮虫数量每升仅 250～1 000 个，这些数量在鱼苗下塘后 2～3 d 内就

会被鱼苗吃完。因此，在生产上，当清塘后放水时(一般当放水 20～30 cm 时)，就需用铁耙翻动塘泥，使轮虫休眠卵上浮重新沉积于塘泥表层，促进轮虫休眠卵萌发。在一定温度范围内(10～40 ℃)，轮虫休眠卵萌发时间随温度升高而缩短。在休眠卵量大致相等(每平方米 100 万～200 万个)的条件下，轮虫达到高峰期的时间在水温 20～25 ℃时，需 8～10 d；17～20 ℃ 时需 10～15 d；水温 15～17 ℃时需 15～20 d；水温 10～15 ℃时需 20～30 d。

二、泼洒豆浆和加注新水

鱼池清塘后，立即施有机肥可为大量繁殖各种细菌和藻类提供养料，同时也为刚孵化出的轮虫提供腐屑、细菌等食物，随着轮虫数量的不断增多，还应不断地追肥和注水，每隔 2～3 d 注水 1 次，使水位比原水位高 10 cm 左右，以补偿轮虫的食物和改善其生活环境。每亩每天需要豆浆 75 kg(3 kg 黄豆)，分上午、中午、下午 3 次均匀泼洒于塘内，豆浆要泼得“细如雾、匀如雨”，而且池塘的每个角落都要泼洒到。

三、掌握施肥时间，合理施肥

做到鱼苗在轮虫高峰期下塘，关键是掌握施肥的时间。如用腐熟发酵的粪肥，可在鱼苗下塘前 5～7 d(依水温而定)，每亩全池泼洒粪肥 200～500 kg；如用绿肥、堆肥或沤肥，可在鱼苗下塘前 10～14 d，每亩投放 200～300 kg。绿肥应堆放在池塘四角浸没于水中，以促使其腐烂，并经常翻动。如施肥过晚，鱼苗下塘时，轮虫高峰期尚未到，因缺乏饵料改期，会影响鱼苗生长；若施肥过早，轮虫高峰期已过，大型枝角类出现，也会严重影响鱼苗的成活率。

四、控制敌害生物繁殖

枝角类的滤食能力比轮虫强，直接影响轮虫的增殖，在鱼苗下塘时，要使轮虫增殖必须控制枝角类。另外，鱼苗下塘时，大型枝角类较多，鱼苗不但不能摄食，反而会出现枝角类和鱼苗争溶解氧、争空间、争饵料的情况，鱼苗因缺乏适口饵料而大大影响成活率。因此，生产上为确保施有机肥后轮虫能大量繁殖，往往先泼洒 0.2～0.5 g/m^3 的晶体敌百虫以杀灭大型浮游动物，然后再施有机肥料。若鱼苗未能按期到达，应在鱼苗下塘前 2～3 d 再用 0.2～0.5 g/m^3 晶体敌百虫全池泼洒 1 次，并适量增施一些有机肥料，人为控制和延长轮虫高峰期，保证鱼苗能适时下塘。

五、定期检查

为确保鱼苗下塘时恰好是轮虫繁殖高峰，除了在清塘、施肥和鱼苗下塘的时间上进行合理安排外，在鱼苗下塘前后，每天应用低倍镜观察轮虫的种类和数量，如发现水中有大量滤食性的萼花臂尾轮虫，说明此时正值轮虫高峰期；如发现水中有大量肉食性晶囊轮虫则说明轮虫高峰期即将结束，需全池泼洒腐熟的有机肥料，一般每亩泼洒 50～150 kg，重新培养轮虫。

任务三　鱼苗培育管理

一、合理放养密度

鱼苗养成夏花(体长 3 cm 左右)的放养密度一般为每亩 8 万～15 万尾,鱼苗养到乌仔(体长 2 cm 左右)一般每亩 15 万～30 万尾,乌仔养成夏花一般每亩 3 万～5 万尾。具体数量可依培育池的条件、饵料、肥料的质量、鱼苗的种类和饲养技术等调整。如池塘水质肥,排灌水方便,饵料量多、质好,饲养技术水平高,放养密度可偏大一些,否则就要小些。青鱼、草鱼苗放养密度小,鲢鱼、鳙鱼苗可适当大一些,鲮鱼苗可以更大一些。此外提早繁殖的鱼苗,为培育大规格鱼种,其发塘密度也应适当小一些。

二、鱼苗主要生物学特性

(1)个体小,活动能力弱　下塘时的鱼苗,全长只有 0.5～0.9 cm,个体细小;身上只具有鳍褶,活动能力弱。因此,敌害生物多,逃避敌害生物攻击的能力也差。饲养过程尤其要尽可能创造一个无敌害生物的环境,以提高其成活率。

(2)新陈代谢水平高,生长快　鱼苗阶段是鱼一生中生长速度最快的时期。鱼苗在短短的 20 d 内就可长成 30 mm 左右的夏花鱼种,体重可增加几十倍乃至 100 多倍。

(3)口径小,食谱范围狭窄　刚孵出的鱼苗均以卵黄囊中的卵黄为营养(内营养阶段)。当鱼苗鳔充气后,在短暂的几天内,一边吸收卵黄,一边摄食外界食物(混合营养阶段)。卵黄囊中的卵黄一旦用尽,就要完全靠摄入外界食物为营养来源(外营养阶段)。刚下塘时,鱼苗的口径只有几十微米到 100 多微米,摄食器官(如鳃耙、吻部等)尚待发育完善,只能靠吞食的方式摄食一些小型浮游动物,主要食物为轮虫和桡足类的无节幼体(开口饵料)。鱼苗饲养过程中,随苗体的长大,其口径也逐步增大,取食器官也逐步发育完善,食性发生转变。

三、主要养殖鱼类食性转变

(一)鲢鱼、鳙鱼苗的食性转变

(1)鲢鱼苗　体长 1 cm 左右,主要摄食轮虫、无节幼体;体长 1.25 cm,摄食枝角类和少量轮虫;体长 2.1～2.2 cm 开始摄食浮游植物;体长 2.4～3.9 cm 以摄食浮游植物为主。

(2)鳙鱼苗　体长 2.0 cm 前大致与鲢鱼相似,体长 2.0 cm 后与成鱼食性相似,主要摄食浮游动物。

(二)草鱼苗的食性转变

体长 1 cm 左右,主要摄食轮虫、无节幼体和一些低等藻类;体长 1.5 cm,除摄食轮虫、枝角类外还摄食摇蚊幼虫;体长 2.0 cm 开始摄食一些幼嫩植物碎片、浮游植物;之后摄食轮虫的比重逐渐减少;体长 3.0～10.0 cm 食性过渡到以幼嫩水生植物为主,特别喜食小浮萍和各种植物的嫩叶及幼芽。

(三)青鱼苗的食性转变

体长0.7～0.9 cm开始摄食轮虫、无节幼体；体长1.0～1.3 cm摄食小型枝角类；体长1.5～1.7 cm除摄食枝角类外，还有低栖动物；体长2.0～3.0 cm开始过渡到以摄食底栖生物为主。

(四)鲫鱼苗的食性转变

体长5.5～7.0 mm食物由轮虫、桡足类的无节幼体及藻类组成；体长0.7～1.0 cm主体摄食枝角类；体长1.2 cm开始转入底栖生活，开始摄食摇蚊幼虫和腐屑；体长4.0～3.0 cm开始接近成鱼食性。

(五)团头鲂鱼苗的食性转变

体长6.0 mm以轮虫为食；体长8.0 mm开始摄食枝角类；体长3.5～3.7 cm除食浮游动物外，开始摄食水生植物的嫩叶及碎片，以后逐渐以小浮萍、苦草等水生植物为主要食物。

四、鱼苗饲养方法

(一)豆浆饲养法

豆浆饲养法是江浙一带传统鱼苗培育法。鱼苗下塘后5～6 h应投第一次豆浆。豆浆用水温25～30 ℃浸6～7 h的黄豆磨成。一般0.5 kg黄豆可磨7.5～9 kg浆，0.5 kg豆饼可磨5～6 kg浆。磨浆时要将黄豆和水同时加入，不能磨好后再加水冲稀，否则会产生沉淀。磨好的豆浆要及时投喂以防变质。投喂次数为每天2～3次，时间在8:00—10:00，14:00—16:00。豆浆投喂时要全池泼洒，力求细而均匀，落水后呈云雾状。饲养青鱼、草鱼的塘，鱼苗下塘10 d后由于食性和习性的改变常聚集在塘边游泳，因此除喂2次豆浆外，还需在塘边增投豆饼糊1次。投喂数量应视池塘肥瘦和施肥情况而定，一般每亩每天喂1.5～2.5 kg黄豆或2.5～3.5 kg豆饼的浆；10 d后根据水色和鱼的生长情况酌情增加。一般养成1万尾夏花需黄豆5～8 kg或豆饼8 kg左右。

(二)草浆饲养法

利用喜旱莲子草、水浮莲等高产水生植物，打成草浆饲养鱼苗。投喂方法是每日两次全池泼洒，每亩每天投草浆50～70 kg，具体数量视水色而定。鱼苗可直接摄食草浆中的适口颗粒，其余大量草浆在水中迅速分解起施肥作用。提高草浆利用率的关键是浆要打得细。水花生因含有皂苷需加2‰～5‰食盐，放置数小时后再投喂，并做到“少量多次”和均匀泼洒。

(三)粪肥饲养法

在鱼苗未下塘前先施基肥把水培肥，鱼苗下塘后根据水质肥度、天气、水温和鱼苗生长情况决定施肥量，一般每亩每天施发酵粪肥50～60 kg，全池泼洒。池水肥度是否得当可根据鱼苗浮头情况来判断。鱼苗下塘后3～4 d清晨鱼苗浮头，日出后即恢复正常，说明肥度适中；如太阳升起后至8:00仍然浮头，说明水质过肥，应停止或减少施肥量。如不浮头而水色清淡应增加施肥量。

(四)无机肥料饲养法

当池水透明度在 30 cm 以上时,鱼苗下塘前 3～5 d,水深 70 cm 左右的池塘,每亩施尿素 1.5～2 kg 或碳酸氢铵 5～7.5 kg,过磷酸钙 5 kg 全池泼洒。鱼苗下塘后根据水质、天气、鱼苗的生长情况决定追肥量。追肥要少量勤施,一般 2～3 d 1 次,每亩日平均施尿素 0.25～0.5 kg,或碳酸氢铵 2～2.5 kg,可以施适量的磷肥。施追肥时应先将化肥加水溶解后再全池泼洒,以免鱼苗把化肥颗粒误作饵料吞食。一般每亩水面碳酸氢铵的总用量为 30～32.5 kg,过磷酸钙 20～42.5 kg。化肥最好与粪肥、绿肥等有机肥料混合施用。

目前大多数生产单位已采用综合饲养法,即因地制宜将上述几种方法配合交叉使用,发挥施肥法和豆浆饲养法各自的优点。不论采用哪一种方法,要提高鱼苗饲养成活率,都要做到肥水下塘,即在鱼苗下塘前 3～5 d 施肥,培育浮游生物。

五、鱼苗池管理

(一)分期注水

鱼苗下塘时,水深保持在 50～60 cm 即可,在鱼苗下塘后每隔 3～5 d 加水 1 次,每次注水 10～20 cm。培育期间共加水 3～4 次,最后加至最高水位。加注水要用密网片过滤,以防野杂鱼和其他敌害进入池中。注水时要避免流水冲击池底,使水浑浊。一般水肥和天气干旱时可勤加多加;水瘦和阴雨天气应少加或不加。分期注水的优点:①水温提高快,促进鱼苗生长;②节约饵料和肥料;③掌握控制水质的主动权。

(二)适时适量追肥

鱼苗下塘 3～4 d 后就要开始追肥。一般 2～3 d 施 1 次,每次每亩施经过发酵的堆肥 100～150 kg,全池泼洒。

(三)定时巡塘

要求每天巡塘 3 次,做到“三查”和“三勤”。即早上查鱼苗是否浮头,勤捞蛙卵,消灭有害昆虫及其幼虫;午后查鱼苗活动情况,勤除杂草;傍晚查鱼苗池水质、天气、水温、投饵施肥数量、注排水和鱼的活动情况等,勤做日常管理记录,安排好明天的投饵、施肥、加水等工作。此外应经常检查有无鱼病,及时防治。

任务四　鱼苗捕捞、运输及生产评价

一、拉网锻炼

(一)拉网锻炼目的和作用

鱼苗经 16～18 d 的饲养,长到 3 cm 左右,体重增加了几十倍甚至 100 多倍,这时就要求有更大的活动范围。同时鱼池的水质和营养条件已不能满足鱼种生长的要求,因此必须分塘稀养,其中有的鱼种还要运输到外单位甚至长途运输。但此时正值夏季,水温高,鱼种新陈代谢强，活动剧烈。而夏花鱼种体质又十分嫩弱，对缺氧等不良环境的适应能力差。为此，夏花鱼种在出塘分养前必须进行 2～3 次拉网锻炼。

拉网锻炼主要有以下作用：一是夏花经密集锻炼后，可促使鱼体组织中的水分含量下降，肌肉变得结实，体质较健壮，经得起分塘操作和运输途中的颠簸。二是使鱼种在密集过程中增加鱼体对缺氧的适应能力。三是促使鱼体分泌大量黏液和排出肠道内的粪便，减少运输途中鱼体黏液和粪便的排出量，从而有利于保持较好的运输水质，提高运输成活率。四是拉网可以除去敌害生物，统计收获夏花的数量。

（二）拉网锻炼方法及工具、网具

拉网锻炼的工具、网具主要有夏花被条网、谷池（图 6-3）、鱼筛（图 6-4）等。

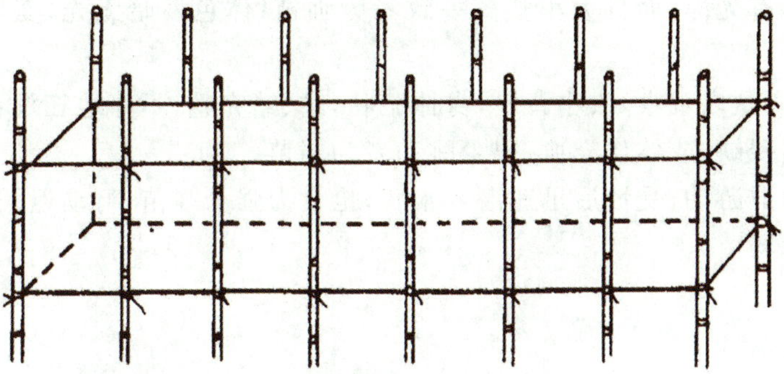

图 6-3　谷池

图 6-4　塑料鱼筛

当鱼苗池的稚鱼处于锻炼阶段时，选择晴天 9：00 左右拉网。第 1 次拉网，只需将夏花鱼种围集在网中，检查鱼的体质后，随即放回池内。隔 1 d 进行第 2 次拉网，第 2 次拉网应尽可能将池内鱼种捕尽。因此拉网后，应再重复拉一网，将剩余鱼种放入另一个较小的谷池内锻炼（图 6-5）。第 2 次拉网后再隔 1 d 进行第 3 次拉网锻炼，操作同第 2 次拉网。

图 6-5　鱼苗拉网锻炼示意图（引自《鱼类增养殖学》）

(三)拉网锻炼时注意事项

①拉网前,要清除池中水草和青苔,以免妨碍拉网和损伤鱼体。

②在拉网前如有浮头现象,应待其恢复正常后再进行。如拉网和分塘操作时遇暴雨等恶劣气候应立即停止拉网。

③鱼进箱后,要及时清除污物粪便,防止污泥和黏液堵塞网目引起鱼苗缺氧死亡。发现鱼体娇嫩、鳃盖发红、贴网等异常现象应停止操作,并将网箱中的鱼立即放回原池。

④污泥多、水又浅的塘,拉网前要加注新水。

二、乌仔或夏花质量鉴别

(1)看体色和规格　体色鲜艳,有光泽,而且大小整齐一致者为强苗;体色发暗无光,变黑或变白,个体大小不一者为弱苗。

(2)抽样检查　把乌仔放入白瓷盆内观察,头小背厚,身体肥壮,鳞、鳍完整,不停地狂跳者为强苗;身体瘦小,头大背窄,鳞、鳍残缺,或体伤充血,很少跳动者为弱苗。

(3)看游动情况　行动活泼,集群游动,受惊后迅速潜入水底,抢食力强为强苗;行动迟缓,不集群,在水面慢游,抢食力弱者为弱苗。

三、鱼苗计数与运输

(一)鱼苗计数

夏花鱼种的出塘计数通常采用杯量法。量鱼杯选用 250 mL 的直筒杯,杯为锡、铝或塑料制成,杯底有若干个小孔,用以漏水。计数时,用夏花捞海捞取夏花鱼种迅速装满量鱼杯,立即倒入空网箱内或白瓷盆中计数。分塘和运输之前要过筛和过数,出塘过数和成活率的计算一般采取抽样计数法,即选有代表性的一捞海或一杯计数,然后进行计算:

总尾数＝捞海(杯)数×每捞海(杯)尾数

成活率＝夏花出塘数/下塘鱼苗数×100%

(二)鱼苗运输

(1)密封式运输　将鱼和水置于密封充氧的容器中进行运输。其特点是体积小、携运方便,一般鱼苗运输在 8 h 内不需中途换水;而且装运密封度大,成活率高,一次充氧能使鱼苗在容器中存活 20 h 以上,可采用塑料袋充氧和塑料桶充氧密封运输等方法。

塑料袋充氧密封运输:塑料袋内装洁净的清水,其水量占袋总容量的 1/4 左右,再按计划装入适量的鱼苗或鱼种(图 6-6)。运输大规格鱼种和成鱼时,加入青霉素粉剂(10 kg 水中加入 6 万 IU),排出袋中空气,充足氧气。

塑料桶充氧密封运输:塑料桶上装有进出水口及注排气孔,使用时装水 1/3～1/2。容积为 25 L 的塑料桶,可装鱼苗 8 万～10 万尾。若在桶内加入 5 万～10 万 IU 的青霉素、链霉素粉,然后充氧,运载时间在 20 h 内,成活率可达 95%以上。

(2)开放式运输　主要用帆布箱(桶)运输,帆布箱(桶)四周用铁架或木架支撑,容积 1 m^3

图 6-6　鱼种尼龙袋充氧运输

左右，使用时装水 3/4 容量，在水温 20～25 ℃时，每箱可装鱼苗 30 万～35 万尾，可装夏花鱼种 2 万～2.5 万尾；在水温 15 ℃时，可装 10 cm 长的鱼种 3 000～4 000 尾。运输途中要不停地充空（氧）气或用击水板击水，以增加水中溶解氧量，如发现鱼类浮头，要及时换水。

（3）肩挑运输　适宜交通不便，运输距离较近，需求量不大或无其他水陆交通工具可利用的山区、丘陵地区。人工肩挑的工具主要有挑篓、木桶、铁桶和木盆等。肩挑者要具有一定的技术，其动作要匀称协调，使篓中水随着步伐有规律的起伏运动，从而增加篓水中的溶解氧量。挑运密度视行程时间而定，一般说来，行程时间以 24 h 为限。若每担水 20～40 kg，则装仔鱼 2 万～3 万尾。在挑运中仔鱼浮头不下沉时必须加换新水，换水量为 1/2。途中不得停歇过夜。

此外，还可采用活水船、卡车设置的帆布桶、火车车厢的大袋箱等方法长途运输鱼苗。

职业能力测试

项目六测试题

项目六测试题参考答案

思考与练习

1. 什么是水花？怎样鉴别优质水花和劣质水花？试分析劣质水花可能产生的原因。
2. 简述鱼苗数量统计方法。
3. 试述鱼苗尼龙袋充氧运输具体操作步骤及注意事项。
4. 水花下塘有哪些注意事项？
5. 简述池塘轮虫培育方法。
6. 试分析水花、乌仔、夏花、寸片养殖生物学物性。
7. 简述鱼苗培育基本方法及管理要点。
8. 简述鱼苗拉网锻炼操作的目的、操作方法和注意事项。

项目七

鱼种培育

知识目标

1. 熟悉鱼种主要养殖生物学特性。
2. 熟知鱼种培育管理主要技术要点。
3. 熟悉鱼种并塘越冬目的和主要操作要点。

能力目标

1. 能制订合理的鱼种培育方案。
2. 能根据具体生产实际，开展鱼种培育管理。
3. 能合理组织鱼种并塘越冬，并对鱼种培育结果进行分析评价。

素质目标

1. 培养吃苦耐劳的劳动精神。
2. 提升团队协作意识。

鱼苗养成夏花时，体重增加了几十倍，多数种类食性已发生转化，如果继续在原鱼苗池饲养，会因密度过大等影响其生长，因此需要及早起塘分养。但此时鱼体仍然幼小，对敌害生物的防御能力和觅食能力均较弱，若直接进入成鱼池或在大水面中养殖会影响成活率，浪费水体。因此，生产中需要将夏花再经过一段时间精心饲养，养殖成大规格和体质健壮的鱼种，为成鱼养殖丰产丰收提供鱼种保障。

任务一　鱼种培育管理

一、夏花放养时间及鱼种搭配

（一）放养时间

夏花放养一般在 6—7 月，力争早放。俗话说“青鱼不脱莳（夏至），草鱼不脱暑（小暑），鲢鱼、鳙鱼不脱伏(中伏),宜早不宜迟”。采取混养要先放主养鱼、后放配养鱼,尤其是青鱼、草鱼为主的塘。青鱼、草鱼先下塘,依靠它们的残饵、粪便培育水质,20～25 d 后再放配养的鲢鱼、鳙鱼、鲤鱼、鳊鱼等。

(二)鱼种搭配

主养鱼与配养鱼搭配比例见表 7-1。

表 7-1　主养鱼与配养鱼比例　%

主养鱼	配养鱼比例						
	青鱼	草鱼	鲢鱼	鳙鱼	鲤鱼	鲫鱼	鳊鱼
草鱼	50		30		10		10
青鱼	70			25		5	
鲢鱼	65	20		5	10		
鳙鱼	65	20			10		5
鲤鱼	70	10	20				
鳊鱼	70		20		10		

为了满足成鱼放养的需要,一些养鱼高产单位在鱼种生产过程中也采用类似成鱼池多种鱼类搭配混养的放养方式以达到种类全、产量高的目的。

二、夏花放养密度

夏花放养密度见表 7-2。

表 7-2　一般地区夏花放养密度和出塘规格

主体鱼			配养鱼			放养总数 /(尾/亩)
种类	放养密度 /(尾/亩)	出塘规格	种类	放养量 /(尾/亩)	出塘规格	
草鱼	2 000	50～100 g	鲢鱼	1 000	100～125 g	4 000
			鲤鱼	1 000	20～22 g	
	5 000	10～12 cm	鲢鱼	2 000	50 g	8 000
			鲤鱼	1 000	12～13 g	
	8 000	8～10 cm	鲢鱼	3 000	13～17 cm	11 000
	10 000	8～10 cm	鲢鱼	5 000	12～13 cm	15 000
青鱼	3 000	50～100 g	鳙鱼	2 500	13～15 cm	5 500
	6 000	13 cm	鳙鱼	800	125～150 g	6 800
	10 000	10～12 cm	鳙鱼	4 000	12～13 cm	14 000
鲢鱼	5 000	13～15 cm	草鱼	1 500	50～100 g	7 000
			鳙鱼	500	15～17 cm	
	10 000	12～13 cm	团头鲂	2 000	10～12 cm	12 000
	15 000	10～12 cm	草鱼	5 000	10～11 cm	20 000

续表 7-2

主体鱼			配养鱼			放养总数/(尾/亩)
种类	放养量/(尾/亩)	出塘规格	种类	放养量/(尾/亩)	出塘规格	
鳙鱼	4 000	13～15 cm	草鱼	2 000	50～100 g	6 000
	8 000	12～13 cm	草鱼	2 000	13～17 cm	10 000
	12 000	10～12 cm	草鱼	2 000	12～13 cm	14 000
鲤鱼	5 000	10～12 cm	鳙鱼	4 000	12～13 cm	10 000
			草鱼	1 000	50～100 g	
团头鲂	5 000	10～12 cm	鳙鱼	4 000	12～13 cm	9 000
	8 000	10 cm	鳙鱼	1 000	13～15 cm	10 000
	25 000	7 cm	鳙鱼	100	500 g	25 100

三、各类鱼种投饵和施肥模式

饵肥要因鱼制宜，做到“足、匀、好”。

(一)以草鱼为主的池塘

以投喂适口新鲜的青饲料或全价配合饲料为主，投喂要均匀。一般以鱼种吃到八成饱即可，投饲量可参考表 7-3。

表 7-3　1 龄草鱼投饲参考表

规格/cm	适口饲料	季节	投喂天数/d	每万尾日投量/kg	要求
3 左右	芜萍	夏至前后	15～20	20～40	投足，当日吃净。不吃夜食，根据天气情况，青饲料限制 5～6 h 吃净。冬至并塘
7 以上	小浮萍、轮叶黑藻	小暑以后	15～20	60～100	
8 以上	紫背浮萍	大暑以后	15～20	100～150	
10 以上	苦草、陆生嫩草	立秋以后	40～50	150～200	
13 以上	苦草、精饲料	秋分以后	80～90	75～150	

对混养的鲢鱼、鳙鱼需每 10～15 d 施肥 1 次，每次每亩施堆肥 300 kg 左右。精饲料为各种鱼的共同饵料，自放养后每天投 1 次，每次每万尾 1.5 kg，以后增加到 2～2.5 kg。精饲料的投喂时间应在青饲料投放之后，让草鱼先吃饱，少与其他鱼争食，从而保证鲢鱼、鳙鱼的生长。

(二)以青鱼为主的池塘

夏花放养后用少量豆饼浆等精饲料引诱青鱼到食场(台)吃食，引到食场后每天投喂豆饼浆 2 次，投喂量见表 7-4。搭养的其他鱼类投喂方法与以草鱼为主的塘相似。

表 7-4 1 龄青鱼投喂饲料参考表

规格	适口饲料	季节	投喂天数/d	每万尾投量/kg	要求
3 cm	豆饼浆	夏至前后	15～20	干饼 2～4	1 周内引到食台，浸泡的菜饼要泡透，当天吃净
5 cm	菜饼	小暑以后	50～60	干菜饼 2.5～5	
10 cm	轧碎的螺蚬	白露以后	30～40	30～120	
50 g 以上	浸泡豆饼	寒露以后	60～70	干饼 1.5～3	

(三)以鲢鱼或鳙鱼为主的池塘

除放养前施基肥外，还要在放养后每 7～10 d 追肥 1 次，每次每亩施绿肥或腐熟的堆肥 100 kg。另外每天还需投精料 2 次，开始每次每万尾投 1.5～2 kg 豆饼浆，以后逐步增加到 2.5～4 kg。以鳙鱼为主的塘投喂量比鲢鱼塘要多。搭养的草鱼每天要在精饲料投喂之前投喂青饲料。

(四)以鲤鱼和团头鲂为主的塘

开始时，每天投喂 1 次豆渣或其他精料，投量为每万尾 10～15 kg，投放在池边浅水处。之后随鱼体逐渐长大增加投饲量。饲养团头鲂的池塘开始时投些豆饼浆，每天 2 次，每万尾用豆饼 1.5～2 kg，以后改投瓢莎、浮萍等，并适当施肥增加天然饵料。

(五)采用草浆饲养鱼种的塘

把水浮莲、凤眼莲、喜旱莲子草等高产水生植物打成草浆饲养鱼种，可代替部分精饲料，饲养鲢鱼、鳙鱼效果较好，对草鱼和鲤鱼也有一定效果。草浆投喂方法与草浆饲养鱼苗相同，但后期要辅助投喂些精饲料。

四、饵料投喂方法及日常管理

(一)饵料投喂方法

(1)定时　每天投喂的时间应相对稳定，一般每天 2 次，即每天 8:00—9:00 和 14:00～15:00 各 1 次，若气温太高可推迟到 15:00～16:00，如遇天气闷热和雷、暴雨应推迟或停喂。若早上浮头，需待正常后 2 h 再投喂。

(2)定质　所投的饲料必须新鲜、洁净、适口，不投腐败变质的饲料，以免引起鱼病。

(3)定位　每个池都应在安静向阳处设固定的食场。鲢鱼、鳙鱼池可每 5 000～8 000 尾用芦席和小竹搭成一个约 1 m^2 的食台，食台离岸 1 m，位于水下 30～40 cm。

(4)定量　投饲量应掌握均匀适量，避免过多、过少或忽多、忽少。投喂量应根据不同鱼类、不同规格、不同季节天气、水温、水质情况以及鱼类吃食等情况灵活掌握(表 7-5)。发病季节、天气闷热、气压低或雷雨前后投饵量要减少或停喂。每天 14:00—15:00 检查吃食情况，如投喂的饲料全部吃完，第二天可适当增加或保持原投饵量，如吃不完第二天要减少。在不同季节要做到“中间拥，两头不放松”。

表 7-5 各月饵料投放比例表 %

月份	6	7	8	9	10	11	12	翌年 1—3	合计
投放比例	4	15	23	25	17	10	4	2	100

(二)日常管理

(1)每天早晚要巡塘、观察水色、是否浮头和掌握鱼的生长活动情况,以决定是否注水和翌日的投饵、施肥量。如浮头时间过长应立即加注新水和开增氧机。

(2)每 2～3 d 清理食台或食场 1 次,每半月用漂白粉等挂袋消毒 1 次。消毒时每个食台挂两个袋。

(3)经常清除塘边杂草和池中的草渣或腐败物等,以保持池塘清洁。

(4)视水质情况合理施肥,适时加注新水,改善水质。一般 15～20 d 加水 1 次。水的肥度以透明度 20～30 cm 为宜,使水质保持"肥、活、嫩、爽"。

(5)做好防洪、防病、防敌害、防破坏等工作。

五、并塘越冬

(一)并塘目的

秋末冬初,水温降至 10 ℃以下时,鱼种已不甚摄食,即可开始拉网、并塘。将鱼种按不同种类和规格进行分类归并,计数囤养,以利于运输和放养。并塘后将鱼种囤养在较深的池塘中安全越冬,便于管理,不使鱼种落膘。通过并塘能全面了解当年鱼种生产情况,总结经验,提出下年度放养计划。腾出的鱼种池应及时整塘清塘,为翌年生产做好准备。

(二)并塘注意事项

并塘时应在水温 5～10 ℃的晴天拉网捕鱼、分类归并。拉网前鱼种应停食 3～5 d。拉网、捕鱼、选鱼、运输等工作应小心细致,避免鱼体受伤。应选择背风向阳、面积 2～3 亩、水深 2 m 以上的鱼池作为越冬池。通常规格为 10～13 cm 的鱼种每亩可囤养 5 万～6 万尾。

(三)并塘管理

越冬池的水质应保持一定的肥度,并及时做好投饵、施肥(北方冰封的越冬池在越冬前通常施无机肥料,南方通常施有机肥料)工作。一般每周投饵 1～2 次,保证越冬鱼种不落膘。长江以北冬季冰封季节长,应采取增氧措施,防止鱼种缺氧。加注新水,防止渗漏。加注新水不仅可以增加溶解氧,而且还可以提高水位,稳定水温,改善水质。此外,应加强越冬池的巡视,发现池埂有渗漏要及时修补。

任务二 鱼种质量鉴别

一、鱼种规格及名称

夏花分塘后至冬天或翌年春天，一般长至 10 cm 以上，称为一龄鱼种。1 龄鱼种再培育 1 年称 2 龄鱼种。鱼苗鱼种的规格与名称见表 7-6。

表 7-6 鱼苗鱼种规格与名称

种类	饲养期限	培育阶段	达到规格	名称
青鱼、草鱼、鲢鱼、鳙鱼、鲮鱼、鲤鱼、鳊鱼	孵出后数天		1.0 cm 以下	鱼苗、水花、花仔
	下塘后 7～10 d	鱼苗培育阶段	1.5 cm 左右	鱼苗、乌仔、4 朝
			1.9 cm 以下	鱼苗、5 朝
			2.2 cm 左右	鱼苗、6 朝
	20～30 d 到半年	1 龄鱼种培育阶段	3 cm 左右	鱼种、夏花寸片、火片、7 朝
			3.6 cm 左右	鱼种、8 朝
			4.8 cm 左右	鱼种、9 朝
			6 cm 左右	鱼种、10 朝
			7.5 cm 左右	鱼种、11 朝
			9 cm 左右	鱼种、12 朝
			10～17 cm	鱼种、1 龄鱼种、数头、仔口、新口
	一年半	2 龄鱼种培育阶段	50～250 g	鱼种、1 龄鱼种、斤两鱼种、秋片、冬片、春片
			250 g 以下	2 龄鱼种、老口
团头鲂			17 cm	2 龄鱼种、老口、夹口
青鱼、草鱼			500 g 左右	2 龄鱼种、过池、伦头、老口
青鱼			250 g 左右	2 龄鱼种、条丝

注："朝"为广东鱼筛规格；本表 4～12 朝可筛出的鱼种长度以草鱼为例。

二、鱼种质量鉴别方法

(一)抽样检查

称取规格相似的鱼种 1 kg 计算尾数，然后对照优质鱼种规格鉴别表(表 7-7)，如鱼种尾数小于等于标准尾数，则为优质鱼种；如大于标准尾数，则为劣质鱼种。

表 7-7　优质鱼种规格鉴别表

鲢鱼		鳙鱼		草鱼		青鱼		鳊鱼	
规格/cm	每千克尾数	规格/cm	每千克尾数	规格/cm	每千克尾数	规格/cm	每千克尾数	规格/cm	每千克尾数
16.67	22	16.67	20	19.67	11.6			13.33	40
16.33	24	16.33	22	19.33	12.2			13.00	42
16.00	26	16.00	24	19.00	12.6	14.00	32	12.67	46
15.67	28	15.67	26	17.67	16	16.67	40	12.33	58
15.33	30	15.33	28	17.33	18	13.33	50	12.00	70
15.00	32	15.00	30	16.33	22	13.00	58	11.67	76
14.67	34	14.67	32	15.00	30	12.00	64	11.33	82
14.33	36	14.33	34	14.67	32	11.67	66	11.00	88
14.00	38	14.00	36	14.33	34	10.67	92	10.67	96
13.67	40	13.67	38	14.00	36.8	10.33	96	10.33	106
13.33	44	13.33	42	13.67	40	10.00	104	10.00	120
13.00	48	13.00	44	13.33	48	9.67	112	9.67	130
12.67	54	12.67	46	13.00	52	9.33	120	9.33	142
12.33	60	12.33	52	12.67	58	9.00	130	9.00	168
12.00	64	12.00	58	12.33	60	8.67	142	8.67	228
11.67	70	11.67	64	12.00	66	8.33	150	8.33	238
11.33	74	11.33	70	11.67	70	8.00	156	8.00	244
11.00	82	11.00	76	11.33	80	7.67	170	7.67	256
10.67	88	10.67	82	11.00	84	7.33	186	7.33	288
10.33	96	10.33	92	10.67	92	7.00	200	7.00	320
10.00	104	10.00	98	10.33	100	6.67	210	6.67	350
9.67	110	9.67	104	10.00	108				
9.33	116	9.33	110	9.67	112				
9.00	124	9.00	118	9.33	124				
8.67	136	8.67	130	9.00	134				
8.33	150	8.33	144	8.67	144				
8.00	160	8.00	154	8.33	152				
7.67	172	7.67	166	8.00	160				
7.33	190	7.33	184	7.67	170				
7.00	204	7.00	200	7.33	190				
6.67	240	6.67	230	7.00	200				

(二)其他方法

同池同种鱼规格均匀。体质健壮、背部肌肉肥厚、尾柄肉质肥满，摄食时争先恐后。体表光滑，体色鲜明有光泽，无病无伤，鳞片鳍条完整无损。浮头时在池中央徘徊，白天大多在水面以下活动。游泳活泼，集群游动，溯水性强，受惊时迅速潜入水中，在密集环境下头向下，尾不断煽动。倒入鱼盆活蹦乱跳，鳃盖紧闭。具有上述特征的即为优质鱼种。

职业能力测试

项目七测试题

项目七测试题参考答案

思考与练习

1. 简述区别鱼种质量优劣的方法。
2. 简述鱼种培育管理主要技术要点。
3. 简述鱼种并塘越冬主要技术要点。

项目八

成鱼养殖

知识目标

1. 熟悉“八字精养法”内涵。
2. 掌握成鱼养殖模式设计方法。
3. 熟悉池塘养殖成鱼管理要点及主要内容。
4. 了解池塘工程化设施养殖原理，熟悉模式和结构。

能力目标

1. 能根据具体生产情况，合理设计池塘成鱼养殖模式方案。
2. 能根据养殖实情，科学开展或组织开展池塘成鱼养殖管理工作。
3. 能对养殖中出现的问题进行科学分析，采取专业、有效的应对措施。
4. 具有利用池塘工程化设施养殖能力。
5. 能对养殖效果进行科学评价分析。

素质目标

1. 提升养鱼生产的工作责任心和健康鱼产品生产意识。
2. 将绿水青山的发展理念贯彻落实到养鱼生产实践中。
3. 增强服务乡村振兴的责任感和使命感。

我国池塘养殖成鱼历史悠久，新中国成立后池塘养殖成鱼得到快速发展，单位产量不断提升，有效解决了居民“吃鱼难”的问题，同时养殖技术水平快速提升，积累了丰富的养殖经验。新时代，养鱼物质保障更为有效，配套服务更为完善，市场供需结构发生深刻变化，池塘养殖成鱼已从“高产”向“高质高效”方向发展。

任务一　成鱼养殖模式设计

在池塘中进行多种鱼类、多种规格的混养，可充分发挥池塘水体和鱼的生产潜力，合理地利用饵料，提高产量。混养是我国池塘养鱼的重要特色，混养不是简单地把几种鱼混在一个池塘中，也不是一种鱼的密养，而是多种鱼、多规格（包括同种不同年龄）鱼的高密度混养。

一、混养

（一）混养的优点

混养是根据鱼类的生物学特点（栖息习性、食性等），充分运用它们相互有利的一面，尽可能地限制和缩小它们有矛盾的一面，让不同种类和同种异龄鱼在同一空间和时间内一起生活和生长，从而发挥“水、种、饵”的生产潜力。混养的优点有：合理和充分利用饵料；合理利用水体；发挥养殖鱼类之间的互利作用；获得食用鱼和鱼种双丰收；提高社会效益和经济效益。

（二）混养鱼的生物学基础

1. 青鱼、草鱼、鲤鱼、鲂鱼、鲫鱼与鲢鱼、鳙鱼之间的关系

青鱼、草鱼、鲤鱼、鲂鱼、鲫鱼食贝类、草类和底栖动物，又称“吃食鱼”，它们的残饵和粪便形成腐屑食物链和牧食链，因而给鲢鱼、鳙鱼提供了良好的饵料条件，故又称鲢鱼、鳙鱼为“肥水鱼”。反过来“肥水鱼”又通过摄食腐屑和滤食浮游生物起到防止水质过肥、为喜清新水质的“吃食鱼”创造良好生活条件的作用。这样既提高了饵料利用率，做到一种饲料多次反复利用，又发挥了它们之间的互利作用，促进鱼类生长。

2. 草鱼和青鱼之间的关系

青鱼上半年个体较小，食谱范围狭窄，下半年贝类资源丰富，供应量充足。而草鱼摄食的草类上半年鲜嫩，中后期茎长叶老，质量较差。此外在饲养中后期，由于投饵量增加，易造成水质过肥。草鱼喜欢清新水质而青鱼较耐肥水。针对上述特点，在生产上采取不同季节重点抓不同的养殖对象。通常在 8 月以前抓草鱼吃食，使大规格草鱼在此时达到上市规格，轮捕上市，以减小饲养密度，有利于留池草鱼生长。而青鱼则上半年主要抓饲料的适口性，8 月以后抓投饵，促进青鱼生长，从而缓解青鱼和草鱼在水质上的矛盾。

3. 鲢鱼、鳙鱼之间的关系

鲢鱼、鳙鱼的主要饵料只是相对不同。特别是在施肥及投喂精饲料的池塘中，鲢鱼的抢食能力远比鳙鱼强，因而容易抑制鳙鱼生长。在不投精饲料的池塘中，浮游动物的数量远比浮游植物少得多，因此鳙鱼不能放养太多。在长江流域鲢鱼、鳙鱼的比例为（3～5）∶1。

珠江三角洲由于鳙鱼市场需要量大，故主养鳙鱼，1 年可饲养 4～6 批。可以在保证鳙鱼生长的前提下，搭养鲢鱼，以充分利用池塘天然饵料。在生产上可采取：①以小规格（13～17 cm）的鲢鱼与大规格（0.4～0.5 kg）的鳙鱼混养。②控制鲢鱼的放养密度和生长期密度。鲢鱼的放养量不能超过鳙鱼的放养量。如每次放 0.4～0.5 kg 的鳙鱼种 40 尾，鲢鱼只能放 13～17 cm 的鱼种 20～30 尾。当鲢鱼长到 0.75～1.00 kg 时，轮捕时必须捕出上市，然后再补放 13～17 cm 的鲢鱼种，补放尾数与捕出数相等，这样对鳙鱼的影响较小。

4. 青鱼、草鱼与鲤鱼、鲫鱼、鲂鱼之间的关系

青鱼、草鱼个体大，食量大，对饵料要求高，而鲤鱼、鲫鱼、鲂鱼则相反。将它们混养在一起，青鱼、草鱼可为鲤鱼、鲫鱼、鲂鱼提供大量的适口饵料，而鲤鱼、鲫鱼、鲂鱼等则为青鱼、草鱼清除残饵，清洁食场，不使残饵腐败变质，这样不仅充分利用了饵料，而且可以改善水质，有利

于青鱼、草鱼的生长。主养青鱼的池塘，动物性饵料较多，故鲤鱼、鲫鱼可多放一些。主养草鱼的鱼池，动物性饵料少，鲤鱼、鲫鱼可少放一些，相应增加团头鲂鱼种的放养量。

5. 鲢鱼、鳙鱼与罗非鱼之间的关系

罗非鱼属杂食性鱼类，幼鱼期以浮游生物为食，成鱼则以有机腐屑为食，因此在食性上与鲢鱼、鳙鱼有矛盾。生产上可采取：①罗非鱼与鲢鱼、鳙鱼交叉放养。上半年罗非鱼个体小，还未大量繁殖，密度稀，对鲢鱼、鳙鱼影响小。此时必须抓好鲢鱼、鳙鱼的饲养，使它们能在6—8月达到上市规格捕出。下半年罗非鱼大量繁殖，个体增大，密度增加，必须抓好罗非鱼的饲养。②控制罗非鱼的密度，将达到上市规格的鱼及时捕出。③控制罗非鱼的繁殖，如单养雄性鱼或放养凶猛鱼类等。④增加投饵量、施肥量，保持水质肥沃，缓和食饵竞争。

二、混养模式设计

（一）确定主养鱼类和配养鱼类

主养鱼又称主体鱼，它们不仅在放养量（重量）上占较大的比例，而且是投饵施肥和饲养管理的主要对象。配养鱼是处于配角地位的养殖鱼类，它们可以充分利用主养鱼残饵、粪便形成的腐屑以及水中的天然饵料很好地生长。

确定主养鱼和配养鱼应考虑以下因素：一是市场要求；二是饵肥料来源；三是池塘条件；四是鱼种来源。

在设计放养模式时，应遵循以下原则：

（1）每一种混养模式均有1～2种鱼类为主养鱼，同时适当搭配混养一些其他鱼类。

（2）为充分利用饵料，提高池塘生产力和经济效益，滤食性鱼类与非滤食性鱼类（俗称吃食鱼）之间要有合适的比例。在亩净产500～1 000 kg的情况下，前者与后者的比例以2∶3为宜。

（3）鲢鱼、鳙鱼的净产量不会随非滤食性鱼类产量的增加而同步上升，一般鲢鱼、鳙鱼的亩净产为250～350 kg，长江流域鲢鱼、鳙鱼的放养比例为（3～5）∶1。

（4）一般上层鱼、中层鱼和底层鱼之间的比例以4∶3∶3为宜。

（5）采用“老口小规格、仔口大规格”的放养方式，可减少放养量，发挥鱼种的生产潜力，缩短养殖周期，增加鱼产量。

（6）鲤鱼、鲫鱼、团头鲂的生产潜力较大，因放养规格间距较小，统计分析表明，其净产量的增加与放养尾数有关。故在出塘规格允许的情况下，可适当增加放养尾数。

（7）同样的放养量，混养种类多（包括同种不同规格）比混养种类少的类型，其系统弹性强，缓冲力大，互补作用好，稳产高产的把握更大。

（8）放养密度应根据当地饵、肥料供应情况、池塘条件、鱼种条件、水质条件、渔机配套、轮捕轮放情况和管理措施而定。

（9）为使鱼货均衡上市，提高社会效益和经济效益，应配备足够数量的大规格鱼种，供年初放养和生长期轮捕轮放用，并适当提前轮捕季节和增加轮捕轮放次数，使池塘载鱼量始终保持在最佳状态。

（10）成鱼池套养鱼种是解决大规格鱼种来源的重要措施。套养鱼种的出塘规格应和其年初放养的规格相似，其数量应等于或稍大于年初该鱼种的放养量。

(二)混养模式养殖案例

1.以鲤鱼为主养鱼的养殖案例

江苏连云港地区长方形养殖池塘,面积160亩,养殖期间平均水深1.4 m,主养鲤鱼(超级鲤),配养鲢鳙鱼,2—3月投放鱼种,7—8月拉网起捕"热水鱼"上市,当年12月前后干塘。

鱼塘安装2台功率为1.5 kW的远程投饲机、2台功率为2.0 kW的普通自动投饲机,在每个投饲机投饲区外围各安装1台1.5 kW水车式增氧机,增氧机主要在投料时开启。3—12月投喂蛋白质含量为31%的颗粒料238 t,6—9月鱼快速生长期搭配投喂蛋白质含量为32%的膨化料40 t。另外安装1.5 kW叶轮式增氧机20台,鱼类生长高峰期每天开机8 h左右。

在完成日常管理工作的同时加强鱼病防治,2—5月,每个月的前2个星期用多糖、维生素和保肝类渔用保健品拌料投喂1次;6—10月,每个月的前2个星期用多糖、维生素和保肝类渔用保健品拌料投喂1次外,还用渔用调水和改底产品调水和改底1次。具体养殖情况见表8-1。

表8-1　池塘主养鲤鱼、配养鲢鳙的放养和产出情况(江苏地区)

鱼类	放养时间	放养规格/(尾/斤)	放养密度/(尾/亩)	出鱼时间	出售规格/(尾/斤)	出售产量/斤
鲤鱼	2—3月	4～10	1 200	7—8月出售部分"热水鱼";12月前后清塘	1.5～2.5	352 270
鲢鱼		10～15	15		3～4	7 700
鳙鱼		10～15	60		3	25 900

案例分析

(1)鲤鱼品种为超级鲤,具有生长速度快、抗病强等特点。

(2)混养鲢鳙鱼,与主养鱼互利共生,适当提高鳙鱼比例,降低鲢鱼比例,提高养殖经济效益。

(3)投喂蛋白质含量31%的鲤鱼专用料,生长高峰期搭配32%蛋白膨化料,催长效果好。

(4)7—8月大规模上市,降低鱼塘存鱼量和养殖风险,加快资金回笼。

2.鲤鱼与虾混养养殖案例

江苏地区长方形养殖塘,面积40亩,养殖期平均水深1.5 m。2—3月放养主养鱼鲤鱼鱼种,同时放养配养鱼鲫鱼鱼种;5月放养南美白对虾虾苗。7—8月拉网捕捞达上市规格成鱼;8月沿池塘四周放地笼捕捞南美白对虾成虾,10月中上旬虾捕捞结束;12月前后干塘捕捞成鱼。

养殖塘口安装2台2 kW普通自动投饲机,每台投饲机投料区外围各安装2台1.5 kW水车式增氧机,在投料时开启至投料结束;另外,池塘安装5台1.5 kW水车式增氧机用于池塘增氧。3—12月投喂42 t蛋白质含量31%的鲤鱼配合颗粒料,另外在6—9月鱼类快速生长期搭配投喂10 t含抗病毒性疾病的保健颗粒料,蛋白质含量30%。虾苗下塘后每次投喂鱼料30 min后沿池塘四周2 m撒精蛋白质含量为40%南美白对虾颗粒料,塘口共使用南美白对虾颗粒料 4.6 t。

在做上述日常管理工作的同时加强鱼虾病防治，2—5 月，每个月的前 2 个星期用多糖、维生素和保肝类渔用保健品拌料投喂 1 次；6—10 月，每个月的前 2 个星期用多糖、维生素和保肝类渔用保健品拌料投喂 1 次外，还用渔用调水和改底产品调水和改底各 1 次。具体养殖情况见表 8-2。

表 8-2　池塘主养鲤鱼、混养虾的放养和产出情况（江苏地区）

种类	放养时间	放养规格	密度	出塘时间	出售规格	产量
鲤鱼	2—3 月	6～7 尾/斤	600 尾/亩	7—8 月出售部分热水鱼；12 月前后清塘	2.4 斤/尾	58 192 斤
鲫鱼		22 尾/斤	400 尾/亩		0.8 斤/尾	11 686 斤
南美白对虾	5 月	1 cm/尾	3 万尾	8—10 月	30～50 尾/斤	7 430 斤

案例分析

(1)鱼虾混养，虾价格高，利润空间大，养殖潜在经济效益高。

(2)鱼虾放养密度适中，降低鱼虾养殖难度和养殖风险。

(3)在鱼快速生长期针对性开展病毒性疾病防治，有效防止鱼病发生。

(4)虾料在鱼类投料半小时后开始沿池塘四周撒料，此时鱼群聚集到池塘中间，实现鱼虾类错区投喂，大大减少鱼类摄食虾料的情况。

(5)7—8 月拉网捕鱼 1 次，降低鱼塘存鱼量和养殖风险，加快资金回笼。

(6)加大南美白对虾放养规格(2～3 cm)，降低虾的放养密度，可以有效提高虾的成活率。

3. 以草鱼和鲫鱼为主的鱼虾混养养殖案例

江苏地区养殖塘口多为长方形，养殖期平均水深 1.6m。2—3 月放养草鱼和鲫鱼，5 月放养南美白对虾虾苗。7—8 月拉网捕捞达上市规格成鱼；8 月沿池塘四周放地笼捕捞南美白对虾成虾，10 月中上旬虾捕捞结束；12 月前后干塘捕捞成鱼。

养殖塘口安装 2 台 2 kW 普通自动投饲机，每台投料机投饲区外围各安装 1 台 1.5 kW 水车式增氧机，增氧机在投料时开启至投料结束关闭；另外，池塘安装 30 台 1.5 kW 水车式增氧机用于池塘增氧。3—12 月投喂 80 t 精蛋白含量 31%的鲤鱼配合颗粒料，6—9 月鱼类快速生长期搭配投喂 30 t 含抗病毒性疾病的保健颗粒料，精蛋白质含量 30%。虾苗下塘后每次投喂鱼类 30 min 后沿池塘四周 2 m 撒精蛋白质含量为 40%南美白对虾颗粒料，塘口共使用南美白对虾饲料 7.1 t。

在做上述日常管理工作的同时加强鱼虾病防治，2—5 月，每个月的前 2 个星期用多糖、维生素和保肝类渔用保健品拌料投喂 1 次；6—10 月，每个月的前 2 个星期用多糖、维生素和保肝类渔用保健品拌料投喂 1 次外，还用渔用调水和改底产品调水和改底 1 次。具体养殖情况见表 8-3。

表 8-3　池塘鱼虾放养和产出情况（江苏地区）

种类	放养时间	放养规格	密度	出塘时间	出售规格	产量
草鱼	2—3 月	0.65～1.4 斤/尾	155 尾/亩	7—8 月出售部分热水鱼；12 月前后清塘	3～5 斤/尾	83 686
鲫鱼		9 尾/斤	900 尾/亩		0.5～1 斤	76 428
南美白对虾	5 月	1 cm/尾	3 万尾/亩	8—10 月	30～50 尾/斤	18 000

案例分析

(1)草鱼与鲫鱼混养，前期主抓草鱼养殖，后期主抓鲫鱼养殖。

(2)鱼虾混养，虾价格高，利润空间大，养殖潜在经济效益高。

(3)鱼虾放养密度适中，降低鱼虾养殖难度和养殖风险。

(4)虾料在鱼类投料半小时后开始沿池塘四周撒料，此时鱼群聚集到池塘中间，实现鱼虾类分区投喂，大大减少鱼类摄食虾料量。

(5)7—8 月拉网捕鱼一次，降低鱼塘存鱼量和养殖风险，加快资金回笼。

(6)加大南美白对虾放养规格(2～3 cm)，降低虾的放养密度，可以有效提高虾的成活率。

4. 成鱼(鲤鱼)一年养二茬养殖案例

江苏地区长方形养殖塘，面积 39 亩，养殖期平均水深 1.2 m。2—3 月放养第一批鲤鱼鱼种，5 月放养南美白对虾虾苗。7 月中旬用拉台网方式捕捞第一批成鱼，数天后放养第二批鲤鱼鱼种；8 月沿池塘四周放地笼捕捞南美白对虾成虾，10 月中上旬虾捕捞结束；12 月前后干塘捕捞第二批成鱼。

养殖塘口安装 2 台 2 kW 普通自动投饲机，每台投料机投饲区外围各安装 1 台 1.5 kW 水车式增氧机，增氧机在投料时开启至投料结束关闭；另外，池塘安装 10 台 1.5 kW 水车式增氧机用于池塘增氧。3—12 月投喂 78 t 精蛋白含量 33%的鲤鱼配合颗粒料，虾苗下塘后每次投喂鱼类 30 min 后沿池塘四周 2 m 撒精蛋白质含量为 40%南美白对虾颗粒料，塘口共使用南美白对虾料 7.1 t。

在做上述日常管理工作的同时加强鱼虾病防治，2—5 月，每个月的前 2 个星期用多糖、维生素和保肝类渔用保健品拌料投喂 1 次；6—10 月，每个月的前 2 个星期用多糖、维生素和保肝类渔用保健品拌料投喂 1 次外，再用渔用调水和改底产品调水和改底 1 次。具体养殖情况见表 8-4。

表 8-4　池塘放养和产出情况（江苏地区）

品种	放养时间	放养规格	密度	出鱼时间	出售规格	产量
鲤鱼	第一批 2—3 月；第二批 7 月中下旬	10～20 尾/斤	第一批 700 尾/亩；第二批 700 尾/亩	第一批：7 月；第二批 12 月前后	2～2.5 斤/尾	120 000 斤
白鲢	2—3 月	5～10 尾/斤	10 尾/亩	7 月和 12 月前后	2.5～3 斤/尾	800 斤
花鲢		3～5 尾/斤	30 尾/亩		3—4 斤/尾	3 000 斤
南美白对虾	5 月	1 cm/尾	3 万尾	8—10 月	30～50 尾/斤	6 000 斤

案例分析

(1)第一批鲤鱼成鱼7月基本全部上市,上市后再养殖第二批鲤鱼,可有效降低养殖风险,加快资金回笼。

(2)选用蛋白含量较高的配合颗粒料,鲤鱼生长速度快。

(2)鱼虾混养,虾价格高,利润空间大,养殖潜在经济效益高。

(3)鱼虾放养密度适中,降低鱼虾养殖难度和养殖风险。

(4)虾料在鱼类投料半小时后开始沿池塘四周撒料,此时鱼群聚集到池塘中间,实现鱼虾类错区投喂,大大减少鱼类摄食虾料。

5. 以鲫鱼为主养鱼的养殖模式

鲫鱼是常见的淡水鱼,具有生长快、养殖周期短、肉质鲜美等特点。江苏地区是我国鲫鱼的主产区。

养殖池塘多为长方形,池塘面积几亩到几百亩均可,池塘深一般2~3 m,养殖水深1.5~2.3 m。该模式3月左右投放鲫鱼种和套养鱼种,7—8月可以捕捞一次成鱼上市,存塘鱼继续养殖到当年12月左右捕捞上市。计划产量和养成规格不同,投放鱼种规格和数量也不同,具体见表8-5。

表8-5 以鲫鱼为主养鱼的养殖模式(亩产1~2 t)

(根据淮安正昌饲料有限公司养殖客户生产数据整理)

模式	放养种类	放养规格/(g/尾)	放养数量/(尾/亩)	养成规格/(g/尾)	养殖成活率/%
1	异育银鲫	60~80	1 800~2 200	400~500	>93
	草鱼	150~200	40~50	>2 400	>95
	鳙鱼	150~200	40~50	>2 000	>95
	鲢鱼	150~200	120~150	>1 000	>95
2	异育银鲫	60~70	700~800	>400	>95
	草鱼	200~300	200~300	>2 500	>90
	鳙鱼	150~200	40~50	>2 200	>95
	鲢鱼	150~200	40~50	>1 300	>95
3	异育银鲫	50~60	1 500	>400	>95
	草鱼	100~160	50~60	>2 000	>90
	鳙鱼	150~200	50	2 000	>95
	鲢鱼	150~200	100	1 000	>95

池塘安装增氧机,一般平均3亩池塘安装1台叶轮式增氧机,也可安装微孔增氧系统。主要养殖季节夜里12:00至第二天7:00开机,晴天中午12:00至14:00开机;阴雨天气开机时间适当提前并适当延长增氧机工作时间。

池塘安装投饵机，50 亩以上大水面，每 50 亩配备一台 3 kW 的远程投饵机，边片池塘也可安装塔式投饲机；30～40 亩池塘，可以配一台 2.2 kW 的远程投饵机；面积小于 30 亩的池塘安装 1～2 台普通自动投饲机。一般在池塘每个投饲区外围安装 1～2 台水车式增氧机，在投饲时开启，促进鱼类摄食配合饲料。该模式以投喂颗粒料为主，选择鲫鱼专用料或池塘混养料，一个养殖周期 1 亩池塘使用配合饲料 1～2 t。低温时每天投 1 次，随着水温上升，逐步增加投喂次数；7—9 月，高峰期每天投喂 4 次，定时 7:00 开始投第一次，投饵时间为 45 min 至 1 h，每隔 3.5 h 投 1 次，最后一次不超过 18:00。

养殖期间每月消毒 1～2 次，定期使用保健类产品、驱虫产品，提高免疫力，生长高峰期适当增加保健类产品使用频率。

模式分析

(1)根据养殖情况，7 月上中旬可捕捞一批成鱼上市，降低养殖密度和养殖风险，加速资金回笼。

(2)套养鲢鱼、鳙鱼调节水质，充分利用池塘饵料。

(3)适当提高鳙鲢比，增加养殖效益。

(4)小规模养殖可以种植牧草养殖草鱼，降低配合饲料用量，降低养殖投入。

6. 以草鱼为主养鱼的养殖模式

草鱼是常见的淡水鱼，具有生长快、肉质鲜美等特点。江苏地区是我国草鱼的主产区之一。

养殖池塘多为长方形，池塘面积几亩到几百亩均可，池塘深一般 2～3 m，养殖水深 1.7～2.5 m。该模式 3 月左右投放草鱼种和套养鱼种，7—8 月可以捕捞一次成鱼上市，存塘鱼继续养殖到当年 12 月左右捕捞上市。该模式放养情况和养成情况具体见表 8-6。

表 8-6 以草鱼为主养鱼的养殖模式(亩产 1～2 t)

(根据淮安正昌饲料有限公司养殖客户生产数据整理)

放养种类	放养规格/(g/尾)	放养数量/(尾/亩)	养成规格/(g/尾)	养殖成活率/%
草鱼	90～120	800～1 200	>2 500	>90
异育银鲫	50	250～350	>400	>95
鳙鱼	150～200	40～50	>2 000	>95
鲢鱼	150～200	40～50	>1 200	>95
团头鲂	150～200	100	>750	>95

池塘安装增氧机，一般平均 3 亩池塘面积安装 1 台叶轮式增氧机，也可安装微孔增氧系统。主要养殖季节 24:00 至第二天 7:00 开机，晴天 12:00—14:00 开机；阴雨天气开机时间适当提前并适当延长增氧机工作时间。

池塘安装投饵机，50 亩以上大池塘，每 50 亩配备一台 3 kW 的远程投饵机，连片池塘也可以安装塔式投饲机；30～40 亩池塘，可以配一台 2.2 kW 的远程投饵机；面积小于 30 亩池塘安装 1～2 台普通自动投饲机；一般在池塘每个投饲区外围安装 1～2 台水车式增氧机，在投饲时开启，促进鱼类摄食配合饲料。该模式以投喂颗粒料为主，选择草鱼专用料或池塘混养料，一个养殖周期1亩池塘使用配合饲料1～2 t。低温时每天投1次，随着水温上升，逐步提高投喂次数；7—9月，高峰期每天投喂4次，定时7:00开始投第一次，投饵时间为45 min至1 h，每隔3.5 h投1次，最后一次不超过18:00。

养殖期间每月消毒1～2次，定期使用保健类产品和驱虫产品，提高免疫力，生长高峰期适当增加保健类产品使用频率。

模式分析

(1)根据养殖情况，7月上中旬可捕捞一批成鱼上市，降低养殖密度和养殖风险，加速资金回笼。

(2)套养鲢鳙鱼调节水质，充分利用池塘饵料。

(3)适当提高鳙鲢比，提高养殖效益。

(4)小规模养殖可以种植牧草养殖草鱼，降低配合饲料用量，降低养殖投入。

7. 以青鱼为主养鱼的养殖模式

青鱼是常见的淡水鱼，具有生长快、个体大、肉质鲜美等特点。浙江地区是我国青鱼的主产区之一。

养殖池塘多为长方形，池塘面积10～100亩，以20亩左右面积为宜，池塘深一般2.5～3.0 m，养殖水深2.0 m以上。该模式3月左右投放青鱼种和套养鱼种，12月左右捕捞，放养情况和养成情况具体见表8-7。

表8-7　以青鱼为主养鱼的养殖模式(亩产1～2 t，浙江地区)

(根据广东海大股份集团有限公司养殖客户生产数据整理)

放养种类	放养规格/(g/尾)	放养数量/(尾/亩)	养成规格/(g/尾)	养殖成活率/%
青鱼	1 000～1 500	300～350	>3 000	>90
	50～150	420～500	1 000～1 500	>90
鳙鱼	100～200	50	2 000～3 000	95
鲢鱼	50～200	40	1 500～2 000	95

池塘安装增氧机，一般平均3亩池塘面积安装1台叶轮式增氧机，也可安装微孔增氧系统。主要养殖季节24:00至第二天7:00开机，晴天12:00—14:00开机；阴雨天气开机时间适当提前并适当延长增氧机工作时间。

在靠近池塘下风口设置投料台，一般20亩左右设置投料台1个。以投喂青鱼专用膨化料为主，饲料中粗蛋白含量31%～34%。低温时每天投1次，随着水温上升，逐步提高投喂次数；7—9月，高峰期每天投喂2～3次。

养殖期间每月消毒1～2次，定期使用保肝护胆类产品，生长高峰期适当增加保肝护胆类产品使用频率。

模式分析

(1)套养鲢鳙鱼调节水质，充分利用池塘饵料。

(2)适当提高鳙鲢比，增加养殖效益。

(3)投放大规格和中规格青鱼鱼种，大规格鱼种养殖到当年年底前后出售；中规格鱼种为第二年养殖提供大规模鱼种。

8. 以鲈鱼为主养鱼的养殖模式

鲈鱼是近年来我国主要养殖淡水鱼，具有生长快、肉质鲜美等特点。江浙地区是我国鲈鱼的主产区之一。

养殖户多在自己塘口培育鱼苗，每年 3 月中旬至 4 月底投放水花，5—6 月鱼种规格达到 50～60 尾/斤，分塘进行成鱼养殖，套养鲫鱼或鳙鱼，年底前后上市或第二年 5—9 月上市，俗称新口养殖模式和老口养殖模式(表 8-8 和表 8-9)。

表 8-8　鲈鱼新口养殖模式(江浙地区)

(根据广东海大股份集团有限公司养殖客户生产数据整理)

放养种类	放养时间	放养规格/(尾/斤)	放养数量/(尾/亩)	捕捞时间	养成规格/(g/尾)	养殖成活率/%
鲈鱼	6 月份	50～60	3 000	当年 12 月份前后	>400	>90
鲫鱼	6 月份	10～30	100	当年 12 月份前后	500	>95
鳙鱼	6 月份	3～10	5～20	当年 12 月份前后	3 000	>95

表 8-9　鲈鱼老口养殖模式(江浙地区)

(根据广东海大股份集团有限公司养殖客户生产数据整理)

放养种类	放养时间	放养规格/(尾/斤)	放养数量/(尾/亩)	捕捞时间	养成规格/(g/尾)	养殖成活率/%
鲈鱼	9 月份	3～4	3 000	第二年 5—9 月份前后	>500	>90
鲫鱼	9 月份	10～30	100	第二年 5—9 月份前后	500	>95
鳙鱼	9 月份	1～2	5～20	第二年 5—9 月份前后	5 000	>95

成鱼养殖池塘多为长方形，池塘面积 5～30 亩，养殖水深 1.8 m 以上。池塘安装增氧机，一般平均 3 亩池塘面积安装 1 台叶轮式增氧机，也可安装微孔增氧系统。一般 1 个池塘在其靠近下风口处设 1 个投料台，面积 20 亩以上的池塘可安装 1 台远程投饲机。以投喂鲈鱼专用膨化料为主，饲料中粗蛋白含量 47%～50%。低温时每天投 1 次，随着水温上升，逐步提高投喂次数。养殖期间每月消毒和调水各 1～2 次，定期使用保肝护胆类产品，生长高峰期适当增加保肝护胆类产品使用频率。

模式分析

(1)套养少量鲫鱼和鳙鱼,充分利用池塘饵料,且不影响鲈鱼生长。

(2)捕捞出售时间充足,可以根据市场价格和需要灵活进行。

(3)新口养殖模式或老口养殖模式两个相邻生产周期恰好对接,不使池塘长期空闲。

9. 以黄颡鱼为主养鱼的养殖模式

黄颡鱼是我国传统名贵鱼类,具有价格高、肉质鲜美等特点。雌雄黄颡鱼生长速度差异显著,雄性生长速度快。目前,黄颡鱼的育种(全雄黄颡鱼)、配合饲料加工生产和成鱼养殖等技术基本成熟,黄颡鱼人工养殖技术得到大力推广和应用。江浙地区是我国黄颡鱼的主产区之一。

多数养殖户在自己塘口培育鱼苗,每年5—9月投放水花,2个月后鱼种规格达到200尾/斤,原塘或分塘进行成鱼养殖,根据市场行情确定捕捞时间,具体见表8-10。

表8-10　黄颡鱼养殖模式(江浙地区)

(根据广东海大股份集团有限公司养殖客户生产数据整理)

模式	放苗时间	放苗规格/(尾/斤)	放苗密度/(万尾/亩)	出鱼时间	规格/两	养殖周期	成活率/%
新口	5—6月	水花	1.0～1.5	次年5—8月	3～3.5	12～15个月	90
	8—9月	水花	1.0～1.5	次年9—10月	3～3.5	13～15个月	
小老口	4月	20～40	1.0～1.5	11月—次年4月	4～4.5	8～12个月,水花一般是前一年7—9月的苗,总周期在16～20个月	85
老口	4月	20～40	1.0～1.5	次年5—10月	4.5～5	14～19个月,水花一般是前一年7—9月的苗,总周期在21～25个月	80
套养品种	鲢鱼(0.1～0.3斤/尾、0～40尾/亩)、鳙鱼(0.2～0.3斤/尾,10～20尾/亩);少数搭配花骨鱼、鲫鱼和青鱼						

成鱼养殖池塘多为长方形,池塘面积5～20亩,养殖水深1.8 m以上。池塘安装增氧机,一般平均3亩安装1台叶轮式增氧机,也可安装微孔增氧系统。在靠近池塘下风口设置投料台,一般5～10亩设置投料台1个。以投喂黄颡鱼专用膨化料为主,饲料中粗蛋白含量为40%左右。低温时每天投1次,随着水温上升,逐步提高投喂次数。养殖期间每月消毒和调水各1～2次,定期使用保肝护胆类产品,生长高峰期适当增加保肝护胆类产品使用频率。

模式分析

(1)养殖全雄黄颡鱼,生长快,产量高,经济效益显著。
(2)套养少量鲢鳙鱼等,充分利用池塘饵料,且不影响黄颡鱼生长。
(3)根据黄颡鱼市场行情,灵活掌握捕捞上市时间。

三、轮捕轮放

轮捕轮放就是分期捕鱼和适当补放鱼种,即在密养的水体中,根据鱼类生长情况,到一定时间捕出一部分达到商品规格的成鱼,再适当补放鱼种,以提高池塘经济效益和单位面积鱼产量。概括地说,轮捕轮放就是"一次放足,分期捕捞;捕大留小,捕大补小"。

(一)轮捕轮放的作用

(1)有利于活鱼均衡上市,满足市场需求,提高社会效益和经济效益。
(2)有利于加速资金周转。
(3)有利于鱼类生长。
(4)有利于提高饵料、肥料的利用率。
(5)有利于培育量多、质好的大规格鱼种,为稳产、高效奠定基础。
(6)有利于降低养殖风险,减少后期因鱼塘存鱼量大而泛池等养殖事故。

(二)轮捕轮放的条件

成鱼池采用轮捕轮放技术需要具备以下条件:
(1)年初放养数量充足的大规格鱼种。
(2)各类鱼种规格齐全,数量充足,配套成熟。
(3)同种不同规格的鱼种个体之间的差距要大。
(4)饵料、肥料充足,管理完善。
(5)改革捕捞网具。
(6)捕捞技术要熟练、细致和正确。

(三)轮捕轮放的方法

(1)捕大留小。及时将池塘中达到上市规格的成鱼捕捞出售,未达到上市规格的鱼继续养殖。

(2)捕大补小。及时将池塘中达到上市规格的成鱼捕捞出售,并及时补充小规格的鱼开展养殖。

(四)轮捕轮放的技术要点

在天气炎热的夏秋季节捕鱼,渔民称为捕"热水鱼"。因水温高,鱼的活动能力强,捕捞较困难,鱼类耗氧量大,鱼不能忍耐较长时间的密集,而捕在网内的鱼又大部分需回池,如在网内时间过长,很容易受伤或缺氧闷死。因此捕"热水鱼"是一项技术性较高的工作,生产中要求做到以下几点:

(1)准备工作充分。组织专业捕捞团队,准备好网具;组织专业运输团队,准备好运输工具；拉网前一天减少投喂量或停食，减少因饱食后拉网鱼类应激过大。

(2)时机选择正确。选择晴天深夜或黎明前后捕鱼，以供应早市；一般晴天傍晚不拉网，以免引起上下水层提早对流，加速池水溶解氧消耗，避免造成池鱼浮头。阴雨天或鱼处于发病期不拉网捕鱼。鱼有浮头征兆或正在浮头时，严禁拉网捕鱼。

(3)防缺氧工作细致。在自然条件下，拉网捕鱼时池塘溶解氧较低，溶解氧处于不断消耗减少状态，因此拉网前可以打开增氧机 2～3 h，提高池塘溶解氧含量，起网时在起网区附近打开增氧机(如水车式增氧机)增氧，捕捞结束后一般打开增氧机至太阳光照较强时停机，也可向池塘补水。此外，拉网当天晚上一般较平时提前开机 2～3 h。

(4)操作恰当。拉网捕鱼要求操作细致、熟练、轻快，缩短操作时间，减少鱼体受伤。

(5)鱼病预防工作到位。捕捞后，留塘鱼会有一部分因拉网导致体表受伤，拉网过程中池底淤泥被搅动，淤泥中有机质和病原菌会大量进入池中，拉网后对全池进行一次消毒可以有效防止鱼病发生。

任务二　成鱼养殖管理

一切养鱼的物质条件和技术措施，最后都要通过池塘日常饲养管理，才能发挥效能，获得高产、高效的结果。渔谚“增产措施千条线，通过管理一根针”是十分形象的比喻。

一、池塘管理基本要求

在池塘日常管理中，要求水质保持“肥、活、爽”，投饵保持“匀、好、足”。

肥：表示水中浮游生物多，有机物与营养盐类丰富。

活：表示水色经常在变化。水色有月变化和日变化(即上、下午和上、下风的变化)。“活”表明浮游植物优势种交替出现，特别是鱼类容易消化的浮游植物数量多，质量好，且出现频率高。

爽：表示池水透明度适中(25～40 cm)，水中溶解氧条件好。

匀：表示一年中应连续不断地投以足够数量的饵料。在正常情况下，前后两次投饵量应相差不大。

好：表示饵、肥料的质量好。

足：表示施肥投饵量适当，在规定的时间内鱼将饲料吃完，不使鱼过饥或过饱。

池塘管理的主要技术措施，都是围绕水质保持和投饵保持进行的。管理中只有抓住主要矛盾的主要方面，兼顾其他矛盾，才能获得高产。

二、池塘管理基本内容

池塘日常管理应做好以下工作：

①经常巡视池塘，观察鱼类动态。

②做好鱼池清洁卫生工作。

③根据天气、水温、季节、水质、鱼类生长和吃食情况确定投饵、施肥的种类和数量，并及时

做好鱼病防治工作。

④掌握好池水的注排，保持适当的水位，做好防旱、防涝、防逃工作。

⑤做好全年饲料、肥料需求量的测算和分配工作。

⑥种好池边(或饲料地)的青饲料。

⑦合理使用渔业机械，搞好渔机设备的维修保养和用电安全。

⑧做好池塘管理记录和统计分析。

三、池塘水质管理

鱼类在池塘中的生活、生长情况大多是通过水环境的变化来反映的，各种养鱼措施也都是通过水环境作用于鱼体的。水环境是养鱼者和鱼类之间的“桥梁”。人们研究和处理养鱼生产中的各种矛盾，主要从鱼类的生活环境着手，根据鱼类对池塘水质的要求，人为地控制池塘水质，使之符合鱼类生长的需要。渔谚有“养好一池鱼，首先要管好一池水”的说法，这是渔民的经验总结。

池塘水质管理，除了前述的施肥、投饵培育和控制水质外，还应采取以下主要措施。

(一)彻底清整鱼塘

凡养过鱼的池塘或蓄水多年的池塘，在放养鱼种前要进行一次全面的整修和清塘。当商品鱼上市后，及时排干池水，利用渔闲，按高产标准池塘要求对鱼塘进行整修。鱼种放养前10～15 d，用生石灰或漂白粉等药物对鱼塘进行消毒。干法清塘，生石灰用量200～300 g/m^3；湿法清塘，生石灰用量200～500 g/m^3；漂白粉清塘，生石灰用量一般为10～20 g/m^3。

(二)适时加注新水和换水

随着鱼体长大和饲料等投入增加，养殖过程中不可避免会造成自身污染、水质老化、透明度下降的现象。因此，要适时加注新水和换水，保持适宜水位、水色。在养殖鱼类生长旺季，每15 d左右向鱼塘加10～30 cm新水；每30 d左右换水一次，每次换掉池塘水量的30%～40%；可以边排边进，最好排底层水。要求新加水一是没有污染，二是泥沙含量低，三是新水温度与池水温差不宜超过8 ℃。

(三)定期搅动底泥

在养殖鱼类生长旺季，每15～20 d搅动池塘底泥1次，造成池水上下混合，促进有机质分解，改善浮游生物组成。选择晴天上午，用钢丝绳或铁索链、长柄耙等往返几次拖动底泥，或用水质改良机、吸泥机等机械搅动底泥，每次搅动面积小于池塘面积的1/2。再结合泼洒生石灰水效果更好，尤其是对缺少水源和池塘淤泥较厚的池塘改水效果更显著。

(四)采取机械调节水质

精养池塘配套水质调节机械是高产稳产的重要保证之一。目前主要有增氧机、水质改良机、潜水泵、吸泥泵等机械。一般每3～5亩塘应配备1台3 kW增氧机，并充分发挥增氧机的增氧、搅水、曝气等作用，采取“三开二不开”，即晴天中午开、阴天下半夜及次日早晨开，连续阴雨浮头前开，天气正常傍晚不开、阴雨天白天不开。水质改良机除喷水增氧外，还可使塘泥喷向水面，一般每15 d左右进行1次，选择晴天上午、鱼体正常情况下进行，喷泥面积不超过池塘水面的50%。使用潜水泵时，用支架将胶管撑起，抽吸底层水喷向空中雾化后落入池中，以提高溶解氧、加快氨氮的硝化过程。

(五)广泛应用微生态制剂

利用某些微生物将水体或底泥沉淀物中的有机物、氨氮、亚硝态氮分解吸收转化为有益或无害物质,从而达到水质(底泥)环境改良、净化的目的。使用微生态制剂具有安全、可靠、高效的特点。目前生产中应用光合细菌、芽孢杆菌、放线菌、硝化细菌、EM菌等活菌制剂。在鱼类生长期,每10~20 d施用1次。无论使用何种微生态制剂,都要处理好与抗生素、消毒剂、杀虫剂的关系,与这些药剂不可同用,一般应间隔5~7 d。同时,应选择养殖鱼类正常、天气晴朗时施用。

(六)利用化学方法调节水质

根据水质状况,不定期向池塘施用化学药剂,促使污染物混凝、沉淀、氧化还原和络合,以改良水质。

1.定期泼洒生石灰水

池塘定期泼洒生石灰水,是目前最有实用价值、使用最广的水质改良方法。主要依据池水肥度、酸碱度和水温等情况,定期向池塘泼洒生石灰水。一般每20~30 d泼洒1次,每次每亩用生石灰10~15 kg兑水全池泼洒。施用石灰时,一要与施肥和防病用药错开;二要注意池水pH,pH>8.5时最好不用;三要注意高温,当水温高于28 ℃时不宜使用,因为此时池水中氨等有害物随水温和pH升高,其毒性也会增强。

2.及时使用增氧剂

当池鱼经常浮头或天气连续阴雨时,应及时使用增氧剂。如过氧化钙、活性沸石、过二碳酸钾、过碳酸钠等。久氧等长效增氧剂更有利于水质状况改良,降低池水有害物质的危害程度,提高养殖鱼类适应能力。

四、防止鱼类浮头和泛池

精养鱼池由于池水有机物多,故耗氧量大,当水中溶解氧降到一定程度(一般1 mg/L左右),鱼类会因缺氧而浮到水面,将空气和水一起吞入口内,这种现象称为浮头。浮头是鱼类对水中缺氧所采取的"应急"措施。为了防止鱼类泛池,首先要防止鱼类浮头。

(一)鱼类浮头的原因

鱼类浮头有如下几种:因上下水层水温差产生急剧对流而引起的浮头;因光合作用弱而引起的浮头;因水质过浓或水质败坏而引起的浮头;因浮游动物大量繁殖而引起的浮头。

(二)预测浮头的方法

鱼类浮头必有原因,也必然会有某些征兆,根据这些预兆可事先做好预报工作。鱼类发生浮头前,可根据以下几个现象做出预测:一是根据天气预报或当天天气情况进行预测;二是根据季节和水温的变化进行预测;三是通过观察水色进行预测;四是通过检查鱼类吃食情况进行预测。

(三)防止浮头的方法

发现鱼类有浮头预兆,可采取以下方法预防浮头:

(1)在夏季,如果气象预报傍晚有雷阵雨,可在中午开增氧机。

(2)如果遇连绵阴雨,应根据预测浮头技术,在鱼类浮头前开动增氧机,改善溶解氧条件,防止鱼类浮头。

(3)如发现水质过浓,应及时加注新水,增大池水透明度,改善水质,增加溶解氧。

(4)估计鱼类可能浮头时,根据具体情况,控制其吃食量。

(四)观察浮头和衡量鱼类浮头轻重的办法

观察鱼类浮头,通常在夜间巡塘时进行。鱼类发生浮头时,还要判断浮头的轻重缓急,以便采取相应措施加以解救。判断浮头轻重,可根据鱼类浮头起口的时间、地点,浮头面积大小、浮头鱼的种类和鱼类浮头动态等情况来判别(表 8-11)。

表 8-11 鱼类浮头轻重程度判别

起口时间	池内地点	鱼类动态	浮头程度
早上	中央、上风	鱼在水上层游动,可见阵阵水花	暗浮头
黎明	中央、上风	罗非鱼、团头鲂、野杂鱼在岸边浮头	轻
黎明前后	中央、上风	罗非鱼、团头鲂、鲢鱼、鳙鱼浮头,稍受惊动即下沉	一般
凌晨 2:00—3:00	中央	罗非鱼、团头鲂、鲢鱼、鳙鱼、草鱼或青鱼(如青鱼饵料吃得多)浮头,稍受惊动即下沉	较重
午夜	由中央扩大到岸边	罗非鱼、团头鲂、鲢鱼、鳙鱼、草鱼、青鱼、鲤鱼、鲫鱼浮头,但青鱼、草鱼体色未变,受惊动不下沉	重
午夜至前半夜	青鱼、草鱼集中在岸边	池鱼全部浮头,呼吸急促,游动无力,青鱼体色发白,草鱼体色发黄,并开始出现死亡	泛池

(五)解救浮头的措施

发生浮头时应及时采取增氧措施。需要注意的是,若池塘水体大,用水泵或增氧机的增氧效果会比较慢。浮头后开机、开泵,只能使局部范围内的池水有较高的溶解氧,此时开动增氧机或水泵加水主要起集鱼、救鱼的作用。因此,水泵加水时,其水流必须平行水面冲出,水流冲得越远越好,以便尽快把浮头鱼引到溶解氧较高的新水中以避免死鱼。在抢救浮头鱼时,切勿中途停机、停泵,否则会加速浮头死鱼。一般开增氧机或水泵冲水需待日出后方能停机、停泵。发生严重浮头或泛池时,也可用化学增氧方法。

(六)发生泛池时应注意的事项

(1)当发生泛池时,池边严禁喧哗,人不要走近池边,也不必去捞取死鱼,以防浮头鱼受惊死亡。只有待开机、开泵后,才能捞取个别未被流水收集而即将死亡的鱼,并将它们放在溶解氧较高的清水中抢救。

(2)通常池鱼窒息死亡后,浮在水面的时间不长即沉于池底。根据渔民经验,泛池后一般捞到的死鱼数仅为全部死鱼数的一半左右,即还有一半死鱼已沉于池底。为此应待浮头停止后,及时拉网捞取死鱼或人下水摸取死鱼。

(3)渔场发生泛池时,应立即组织人员,一部分人专门负责增氧、救鱼和捞取死鱼等工作;另一部分人负责鱼货销售,准备好交通工具等,及时将鱼货处理好,以挽回一部分损失。

五、饲料投饲技术

(一)投喂方法

配合饲料养鱼的投饲方式,有人工手撒投饲和机械投饲两种方式。

(1)人工手撒投饲　即利用人工将饲料一把一把地撒入水中,投料时掌握撒料的速度,即“慢—快—慢”。这样可以清楚看到鱼的实际摄食状况,对每个池塘、每个网箱灵活掌握投喂量,做到精心投喂。此法有利于提高饲料效率,但费工、费时。对于中、小型渔场,劳动力充足,或者养殖名、特、优水产动物以及放养初期的抢食训练,此种投饲方式值得提倡。

(2)机械投饲　即将饲料制成颗粒状,按一天总量分几次利用自动投饲机投饲。这种方式可以定时、定量、定位,同时也具有省工、省时等优点。

投喂要坚持“三看”“四定”的原则。即看天气、水色、鱼群活动情况,定时、定点、定量、定质。在天气晴好、水温适宜、鱼群活动正常时多投喂,若连续阴雨、闷热、水温过高或过低,鱼生病或活动异常时,少投或不投。

(二)全年投饵量的计算及分配

全年投饵计划和各月分配是为了做到有计划的生产,保证饵料及时供应,根据鱼类生长需要均匀、最适地投喂饵料,必须在年初做好全年规划。

(1)计算亩净产量　根据各成鱼池放养量的规格,确定各种鱼类的净增肉倍数,根据净增肉倍数确定计划净产量。

(2)根据饵料系数或综合饵肥料系数计算出全年投饵量　如有一口 10 亩成鱼池,主养鲤鱼,每亩放养鲤鱼 80 kg,计划净增肉倍数为 7,即每亩净产鲤鱼为:80 kg×7=560 kg,全池净产鲤鱼为:560 kg×10=5 600 kg。该池投喂鲤颗粒饵料,其饵料系数为 2,则全年该池计划投颗粒饵料量为:5 600 kg×2=11 200 kg。

对于以投天然饵料为主的鱼池,因饵料种类多,在生产中无法了解某种鱼对某一饵料的实际吃食量,加之饵料、肥料本身具有交叉效应,不少产饵经腐烂分解成为肥料,不少肥料也可直接作为饵料供某些鱼类摄食。如按习惯方法计算饵料系数,误差很大。为此,可改为养殖总投饵量除以每增长 1 kg 鱼分别需要精饲料、草料和肥料的数量(即全年投放的精饲料、草料和肥料的总量分别除以鱼类总净产量)得出精料系数、草料系数和肥料系数,这三个系数同称为综合饵肥料系数。用综合饵肥料系数作为测算饵肥料需要量的依据,方法简单易行,可从整体上反映当地饵料、肥料的供应水平及对养鱼的影响。但由于各地的天气、饲养方法、饵料和肥料的种类及组成不同,各个养鱼企业的精料、草料和肥料系数差异也较大。因此,各养殖单位应根据本单位的养鱼模式和饵料、肥料的种类及组成,计算出本场的精料、草料和肥料系数,从中测算出年计划投饵施肥数量。如某养鱼场算出的综合饵肥料系数为:精料系数 2、草料系数 6、肥料系数 1.5,那么亩净产 1 000 kg 鱼时全年饵肥料计划需要量为:2 000 kg 精饲料、6 000 kg 陆草、1 500 kg 有机肥料。

(3)根据月投饵百分比,确定每月的计划投饵量　以天然饵料和精饲料为主的投喂方式,根据当地水温、季节、鱼类生长以及饵肥料供应等情况,制订出各月饵料分配百分比。如果是以配合饲料为主的投喂方式，除了计算月投饵百分比外，还应根据水温和鱼类生长，制订出每5 d的投饵量。尽管各地饵料种类、养殖方法、气候均有所不同，但在各月饵料分配比例均有其共同点，即：在季节上采取“早开食、晚停食、抓中间、带两头”的分配方法，在鱼类主要生长季节投饵量占总投饵量的75%～85%。在饵料种类上，草类饵料在春夏季数量多、质量较好，供应重点偏在鱼类生长季节的中前期；贝类饵料下半年产量高，加上此期青鱼、鲤鱼个体大，食谱范围广，供应重点偏在鱼类生长季节的中后期；精饲料的重点在中后期供应，以利鱼类保膘越冬。此外，在早春开食阶段，必须抓好饵料的质量(表8-12)。

表8-12　鲤鱼成鱼月投饵量及各旬分配比例

月	5	6	7	8	9
月分配占全年比例/%	10	15	30	20	15
日投喂次数	2～3	4	4	4	3～1
上旬投饵比例/%	20.0	30.0	31.3	36.7	46.7
中旬投饵比例/%	33.3	33.3	33.3	33.3	33.3
下旬投饵比例/%	46.7	36.7	35.4	30.0	20.0

注：日投喂4次的时间为6:00、10:30、14:30、18:30；日投喂3次的时间为：8:00、12:00、16:00；日投喂2次的时间为10:00、14:00。

(三)计算日投饵量

(1)计算日投饵量　日投饵量的计算公式为：日投饵量＝存池吃食性鱼(草鱼、鲤鱼、鲫鱼等)的总体重×相应水温、规格下的日投饲率。将每天的投饵量按比例分配到各次投喂中，一般上午占投饵量的40%，下午占60%，每隔5 d增加一定量的饵料，增加的量为前5 d投饵的总量÷1.5×投饲率。由于吃食鱼总体重无法准确算出，因此每天投喂量还要根据鱼的吃食情况和天气情况确定。每次投喂时间控制在1 h左右，以大部分鱼离开食场为准。如果停止投喂3～5 min，鱼群仍不离开食场，表明投喂量不足，应追加饲料。

(2)鱼吃饱的标志　人工投喂饲料，要以鱼吃“八成饱”为原则。开始投喂时，要少投、慢投；在鱼群集合全部浮上来，激烈争抢饵料时，则要快投、多投；当发现大部分鱼沉入中下层，不在上浮抢食时，又要少投、慢投；待水面几乎无鱼吃食时，即水面逐渐平静时，则不再投喂。

(四)注意事项

鱼类摄食异常的情况大致可分为4类：一是池鱼连续几天甚至几十天都不进食；二是鱼群正在水面抢食时，突然“哗”一下四处逃窜，瞬间消失，过一会儿有聚拢成群抢食，又突然受惊逃跑，每喂一顿料反复多次出现这种现象；三是鱼只在水底活动，不上浮抢食；四是鱼群食欲缺乏，只在池内狂游。

1.池鱼连续多日不进食

(1)池水太瘦，水的透明度超过40 cm，有的甚至达到60 cm或以上。这样的池水中浮游植物少，氧的补偿能力差，导致鱼类处于轻浮头或暗浮头状态，鱼类自然不会进食。改善的方法是尽快补充一部分肥水入池，同时再施用尿素或碳酸氢铵肥水，每亩3～5 kg。

(2)池水由肥水变成老水，淤泥深厚的老塘最易出现这种情况。由于老水中的浮游生物大量死亡、分解，水中不仅严重缺氧，而且有毒有害的物质浓度升高，鱼不仅不吃食，还可能因此而中毒死亡。对策是立即大量换水，连续 2～3 次。

(3)池水中有大量裸甲藻、三毛金藻，它们会产生大量毒素使鱼中毒。防治措施，一是大量换水，二是全池泼洒硫酸铜(每 m^3 水体 0.7 g)，杀死这些藻类。但泼硫酸铜后晚上要早开增氧机，以防泛池死鱼。

(4)池水的酸性或碱性过强，通常 pH 小于 6.0 或 pH 大于 9.0 时鱼就要停食。改良措施，一是大量换水，二是用生石灰或醋酸(食醋也行)调节池水的 pH，使其在 6.5～8.5。

(5)刚分塘(转塘)的鱼，因不适应新塘的环境条件，会出现暂时的停食；新购回来的外来鱼种，因没有经过严格的驯食训练，也会出现不进食现象。只要耐心驯化，几天后进食就能恢复正常。

(6)饲料不适口。在中途突然变换不同厂家的饲料或不同原料配方的饲料，常会出现拒食现象。建议养殖户无特殊原因最好不要随意更换饲料，迫不得已非改不可时，应先把新旧两种饲料按比例掺在一起喂几天，然后再逐渐减少原料的比例，最终过渡到全喂新料。另一种情况是饲料的粒径不适口，往往是粒径偏大，鱼吞不下，眼看着饲料沉入水底。这就需要更换与鱼的口径相适宜的颗粒料，否则鱼因饥饿勉强吞下，易因颗粒料吸水膨胀撑破肠子而死亡；还有一种情况是因饲料中缺乏适量的 B 族维生素、维生素 C、泛酸等维生素，鱼类没有食欲而停止进食。

(7)水温过高。池塘水温一旦超过 34 ℃或 35 ℃，除热带鱼外的大多数养殖鱼类都将停止进食。此时若有条件，可加些江河或库底的低温水，情况会有所改变。

(8)鱼吃食过饱。遇到这种情况应立即停喂饲料，同时换注清新的富氧水，创造一个有利于鱼类消化的环境，一般 2～3 d 后鱼就会开始摄食。此时仍需控制投饲量，待鱼恢复正常摄食后再以常量投饲。

2. 鱼群正常摄食时候突然出现受惊状逃窜

(1)鱼池内有凶猛的肉食性鱼类(如乌鳢、鲇等)或特大个体的鱼。凶猛鱼类往往潜伏在水下掠食那些只顾抢食的养殖鱼类，特大个体鱼抢食勇猛，一般鱼见它们过来会四散逃命，出现受惊逃窜现象。应设法清除这类鱼，否则将影响养殖效果。

(2)部分鱼的体表、鳃或肠道内有较多的鱼虱、锚头鳋、三代虫、中华蚤和绦虫等寄生虫，鱼群在吃食时，只要有几尾鱼被虫子咬得难受而挣扎，其他鱼就会受惊逃窜。可针对不同的寄生虫，采用相应的有效药物将虫杀死，鱼群吃食就会安宁。

3. 鱼群不上浮水面抢食

高温季节，池水浅的鱼往往不上浮抢食，这是因为表层水温太高的缘故。实践表明，水温超过 34 ℃时，草鱼、鲤鱼、鲫鱼一般都不到表层水中活动，有时还将完全停食，严重时会出现浮头或泛池。遇到这种情况时应尽快向鱼池加水，把水位升到最高位，通常以 2 m 左右为好，如果缺乏水源，应迅速把鱼转移到安全的水域饲养。

4. 鱼群没有食欲，只是一个劲地沿池边狂游

这种现象在鱼苗培育阶段多见。一种情况是鱼鳃上寄生了车轮虫、三代虫，只要杀死这些寄生虫，此现象就会消失。另一种情况是缺乏适口饲料或苗种池有渗水，鱼群会绕池狂游，群

众形象地称其为“跑马病”。可用门板、芦席等在池边阻断苗种群游的环路，同时沿边多点投喂豆饼糊、米糠团和豆渣等饲料诱其摄食。鱼吃到饲料后即可停止狂游。

(五)相关知识

1.影响日投饲量的因素

日投饲量的大小主要受水温、天气、饲料质量、溶解氧等因素的影响。鱼群的重量在不断变化，日投饲量也必随之变化。日投饲量的变化，在饲料质量不变的情况下，主要是根据水温高低和鱼体的重量来确定的。一般每 3～4 d 增加 1 次，水温在 15～20 ℃时，增加幅度为投饲量的 2%～3%；水温在 20～24 ℃时，增加幅度为投饲量的 4%～5%；水温在 24 ℃以上时，增加幅度为投饲量的 5%～8%。

此外，还要根据鱼的吃食情况和天气变化而定。箱内鱼大部分已吃饱下沉，就要开始少喂，一般“八成饱”就行；如果天气闷热或者正在下雨，就必须少喂，甚至停喂。

以上所述日投饲量的调整，还不能完全做到投饲量的增加幅度与鱼群的增重幅度保持一致，应每 20 d 抽样检查部分鱼群的增重量，然后根据鱼群总重的估算及规格大小，调整下一个饲养周期的投饲量。正常情况下，可用下列公式来确定鱼群的日投饲量：

$$W_1 = W_0 \times R$$

式中：W_1—日投饲量；W_0—鱼群的总重量；R—日投饲率(%)。

2.各种鱼类的投饲率

(1)罗非鱼的投饲率　水温在 25 ℃以上时，一般体重 50～100 g 的鱼日投饲率为 4%～5%；一般 50～200 g 的鱼日投饲率为 3.5%～4%；200～250 g 的鱼日投饲率为 3%～3.5%；250 g 以上的鱼日投饲率为 2.5%～3%。

(2)鲤鱼的投饲率　当鲤鱼体重 80 g 以下时，可用下列公式计算其投饲率：

$$f_i = F_i / W_0$$

式中：F_i—投饲量；f_i—投饵率；W_0—放养重量。

鲤鱼种投饲率可参考表 8-13。

(3)草鱼、青鱼的投饲率　一般认为草鱼的投饲率为 5%，青鱼的投饲率为 3%。

(4)团头鲂的投饲率　据报道，团头鲂在日平均水温为 29 ℃、饲料最适蛋白质为 30.83% 时，投饲率为 4.5%～5%，此值与草鱼相似。

3.影响投饵的因素

(1)当遇到风浪袭击时，就必须减少投饵量，特别对于浮性颗粒饲料和粉状饲料，要防止饲料被水浪冲走，减少饲料的浪费。

(2)当水温急剧下降或天阴无风时，水体中溶解氧降低，此时也应减少饲料的投喂。

(3)在养殖鱼的幼鱼阶段和生长旺盛时期要适当提高投饵量和增加饲料的蛋白质含量，以满足鱼类快速生长的需要。

表 8-13　鲤鱼种投饲率　%

水温/℃	鱼体重/g					
	2.0～5.0	5.0～10.0	10.0～20.0	20.0～30.0	30.0～40.0	40.0～50.0
15	4.9	4.1	3.3	3.1	2.7	2.2
16	5.2	4.4	3.5	3.3	2.9	2.3
17	5.5	4.7	3.7	3.6	3.1	2.5
18	5.8	5.0	4.0	3.9	3.4	2.7
19	6.3	5.4	4.4	4.2	3.7	2.9
20	6.9	5.9	4.9	4.6	4.0	3.2
21	7.5	6.4	5.2	4.9	4.3	3.4
22	8.1	6.9	5.6	5.3	4.5	3.6
23	8.7	7.4	6.0	5.6	4.9	3.9
24	9.2	7.9	6.4	6.0	5.1	4.1
25	9.8	8.2	6.7	6.2	5.4	4.4
26	10.4	8.8	7.0	6.6	5.8	4.6
27	11.0	9.4	7.5	7.2	6.2	5.0
28	11.6	10.0	8.1	7.8	6.8	5.4
29	12.6	10.8	8.9	8.4	7.4	5.8
30	13.8	11.8	9.8	9.2	8.0	6.4

4.配合饲料的优点

(1)营养价值全面,适合集约化生产。配合饲料是运用现代鱼类生理学、生物化学与营养学最新成就,根据各种养殖鱼虾不同生长阶段营养需要,经过科学配方与加工配置而成。大大提高了饲料中各种营养成分的利用率,使之营养全面,生物学价值高,消化利用好,最适合集约精养各种优质鱼虾。据测定,配合饲料比天然精饲料转换率高 20%～25%。

(2)扩大了饲料来源。有利于粮、油、酒、药、纸、革、食品与石油化工等工副业废渣的再利用,符合可持续发展的原则。配合饲料甚至可以把鱼虾无法直接利用的秸秆和不喜食的活性污泥等,经适当加工与配合组成为鱼虾喜食的饲料。

(3)可按鱼虾的种类、规格大小配置不同营养成分的饲料,使之更适合养殖对象的需要;可加工成不同大小、硬度、密度、浮沉、色彩等符合养殖对象需要的颗粒饲料。

饲料有高度适口性,饲料中营养成分,特别是数量极少的添加剂不易在水中流失,饲料基本上粒粒入口,既降低了饵料系数,改善水质环境,提高成活率,又能有效预防鱼虾疾病,对健康养殖有利。

(4)配合饲料可以用现代先进的加工技术进行大批量工业化生产,便于运输与储存,适应渔业生产发展,特别是现代集约化渔业需要。

(5)颗粒配合饲料的广泛使用,改变了传统养鱼旧观念,可以利用机械定时、定量投饵,提高劳动生产率,有利于渔业生产向国际先进的设施渔业方向靠近。现在北京、上海等地池塘养殖工作,已经逐步以各种机械代替了昔日繁重的体力劳作。走进养鱼场犹如进入工厂,很少的几个工人就可完成投饵、增氧等工作,这也得益于颗粒料的使用。

5.饲料投饵应注意的问题

(1)掌握常规标准　春季水温低,鱼小,摄食量小,在晴天气温升高时,可投放少量的精饲料。当气温升至15 ℃时,投饵量可逐渐增加,每天投喂量占鱼类总体重的1%左右。夏初水温升至20 ℃左右时,每天投喂量占鱼体总重的1%～2%,但这时也是多病季节,因此要注意适量投喂,并保证饲料适口、均匀。盛夏水温上升至30 ℃以上时,鱼类食欲旺盛,生长迅速,要加大投喂,日投喂量占鱼类总体重的3%～4%,但需注意饲料质量并防止剩料,且需调节水质,防止污染。秋季天气转凉,水温渐低,但水质尚稳定,鱼类继续生长,仍可加大投喂,日投喂量占鱼类总体重的2%～3%。冬季水温持续下降,鱼类食量日渐减少,但在晴好天气时,仍可少量投喂,以保持鱼体肥满度。

(2)区分不同养殖种类　不同种类潜在生长能力及生长所需营养要求各不相同,因此其投饲率也有区别。如草鱼在25 ℃时的投饲率为5%～9%,鲮鱼则为2%,体重100 g的尼罗罗非鱼投饲率为1.6%,而同体重的莫桑比克罗非鱼则会达到2.4%。

(3)把握吃食时间　按照常规标准投喂一定数量的饲料后,虾类吃完时间不足2 h,说明投饲不足,应适当增多。如果经过较长时间正规投喂,虾类吃食时间突然减短至2 h,说明虾体已增重,应调整投喂标准。投喂草类、螺、蚌等饲料,一般以7～8 h吃完为标准。

(4)观看养鱼水色　一般池水呈油绿色或黄褐色,上午水色较淡,下午渐浓。水的透明度在30 cm左右,表明肥度适中,可进行正常投喂;透明度大于40 cm时,水质太瘦应增加投饲量;透明度小于20 cm时,水质过肥,应停止或减少投饵。这在主养鲢鱼、鳙鱼的池塘水面表现得特别明显,当水质过瘦时,鲢鱼、鳙鱼会出现头大、尾小、背窄和游动无力的现象,甚至有瘦弱残废的个体漂浮水面,这表明水中浮游生物过少。主养鲤鱼的水面可根据水的浑浊度来确定投喂的多少。如整池水都很浑浊,成泥黄色,排除大雨或人为的原因,可证明鲤鱼在池底活动极频繁,不断拱泥而致水体浑浊,由此可判断鲤鱼处于饥饿状态,应加大投喂量。

(5)区别饲料品种　蛋白质是鱼类生长所需要的最主要营养物质,蛋白质含量也是鱼饲料质量的主要指标。对于同一种鱼类,蛋白质含量高的饲料可适当减少投喂量,而蛋白质含量低的饲料就应增加投喂量。由于目前鱼饲料没有统一的营养标准,鱼饲料的蛋白质含量参差不齐,所以应选用正规厂家生产的饲料。

任务三　疾病防治

一、疾病诊断

1.现场调查

(1)了解鱼出现的各种异常现象　鱼生病后,不仅在病鱼体表或体内出现各种病状,同时在水中也会表现出各种异常现象,如全身发黑、离群独游;在气候等一切正常的情况下,鱼的摄食量突然急剧下降等。鱼病发生往往有急性型和慢性型。急性型鱼病,病鱼一般在体色、外观和体质上与正常鱼差别不大,仅病变部位稍有变化,一旦出现死亡,死亡率会急剧上升;而慢性型鱼病,则往往体质消瘦、活动缓慢、体色发黑、离群独游。死亡率一般呈缓慢上升趋势。鱼类受到寄生虫侵袭时，往往出现焦躁不安。如鱼鲺侵袭，鱼的体色等变化不大，但会出现上跳下蹿，阵性狂游。当鲢碘泡虫侵袭白鲢时，鱼的尾部上翘露出水面，在水中狂游乱蹿打圈。因农药或工业污水排放造成鱼类中毒时，鱼会出现跳跃和冲撞现象，一般在较短时间内转入麻痹甚至死亡。由寄生虫引起的死亡，一般是缓慢的逐渐增加，除集约化养殖发现指环虫、三代虫的侵袭在短期内造成大批死亡外，池塘养鱼死亡率一般不会太大；可是若遇鱼类中毒，则往往在极短的时间内出现大批鱼类死亡，而且不分品种，四大家鱼、野杂鱼、泥鳅都会毫无例外地死亡。因此，及时到现场观察鱼的活动情况，对于鱼病的及时诊断和处理具有至关重要的意义。

(2)了解水质和环境情况　水温与鱼病的流行有着密切的关系，各种病原体都有其繁育生长的最佳温度范围。很多致病菌和病毒在平均水温 25 ℃时，毒力显著增高；水温降到 20 ℃以下时，则毒力减弱，使病情减弱或停止。斜管虫适宜在水温 12～18 ℃时大量繁殖。小瓜虫生长和繁殖水温一般在 15～25 ℃，当水温低于 10 ℃以下或高于 26 ℃时则停止发育。观察水的颜色，对水质情况也可作一大致了解。水中含腐殖质多时，水呈褐色；水中含钙质多时，水呈天蓝色；微囊藻大量繁殖时，水呈铜绿色；城市排出的生活污水，一般呈黑色；当被污染水源污染时，因污水种类和性质不同而出现不同的颜色，如红、黑、灰白色等，透明度也会随之大大降低。水中的溶解氧、硫化氢、pH、氯化物、硫化物等与鱼病流行的关系极为密切。有的鱼池数年不清塘，有的网箱长年摆设于一个地方，鱼的粪便和残饵大量沉积，当水底溶解氧量减少时，嫌气微生物发酵分解产生硫化氢，不仅容易使鱼类中毒，而且加剧了溶解氧的缺乏，造成鱼类浮头或窒息死亡。网箱养鱼在寒冷的冬季发生大批死鱼，多数是因水温高于气温，底层水温高于表层水温，养殖区域库水上下对流，造成缺氧所至。有机质多而水质发臭的水，适宜鳃霉的大量繁殖，引起鳃霉病的流行。酸性水常引起嗜酸性卵甲藻病的暴发，氯化物则会促使小三毛金藻大量繁殖，造成鱼类中毒死亡。

(3)了解周围环境中是否存在污染源或流行病的传播源　鱼池周围的环境卫生，家畜、家禽、螺蚌及其敌害动物在渔场内的数量和活动情况等，特别是对一些急剧的大量死鱼现象，尤其需要了解附近农田施药情况和附近厂矿排放污水情况。在工业污水和农药中，尤以酚、重金属盐类、氰化物、酸、碱、有机氯农药、有机氯和有机砷等对鱼类危害较大。一旦确诊为中毒死亡，应迅速了解施药的种类或污水中的主要致死化学成分，以便采取应急措施。

(4)了解饲养管理情况　对投饵、施肥、放养密度、放养品种和规格、各种生产操作记录以及历年发病情况等都应做相应了解。投喂酸败饲料和腐烂变质的饲料，容易引发鱼的瘦背病和死亡。放养密度过大，鱼摄食不足，体质差，对疾病的抵抗力弱，也容易引起疾病。施肥量过大，在池中直接沤肥，投饵量过多等，都容易引起水质恶化，形成缺氧，影响鱼的生长，同时给病原体和水蜈蚣等敌害生物创造条件，引起鱼的大批死亡。水质过瘦、饵料生物缺乏，又容易引起跑马病、萎瘪病的发生，拉网等操作造成鱼体损伤，容易引起白皮病和肤霉病等。

2. 病鱼检查

(1)鱼体的肉眼检查　肉眼检查简称目检。在实际生产中，目检是检查鱼病的主要方法之一。目检可以观察到病原体后机体表现出的各种症状，对于某些症状表现明显的疾病，有经验的技术人员凭借经验即可做出初步判断。另外，一些大型病原体如较大的寄生虫，肉眼也可观察到。

一般的毒性和细菌性疾病和致病菌的确定，需要较为复杂的设备和具有专业技术的人员鉴定，同时致病菌的培养和鉴定也需要较长的时间。因此在生产实际中，通常是排除寄生虫类鱼病后，根据病鱼表现出的症状，大致确定为某种类型的鱼病。

寄生虫引起的鱼病，常表现出黏液过多、出血、出现雨点状或块状包囊等，根据寄生部位和所引起的症状不同，有的凭借肉眼即可做出较为准确的诊断。对鱼体的检查，主要检查体表、鳃、内脏3部分。检查顺序和方法如下：

①体表：将病鱼置于白瓷盘中，按顺序从嘴、头、鳃、体表和鳍条仔细观察。寄生于体表的线虫、锚头蚤、鱼虱、钩虫幼虫和水霉等大型病原体，很容易就被观察确定，但很多用肉眼看不到的小型病原体，则主要根据表现出来的症状加以辨别。口丝虫、车轮虫、斜管虫、三代虫等引起的病状，一般会分泌大量的黏液，有时微带污泥，或者是嘴、头以及鳍条末端腐烂，但鳍条基部一般不充血。复口吸虫前期表现出眼球浑浊，后期出现白内障。疥疮病则表现为病变部位发炎、脓肿。白皮病病变部位发白，黏液少，用手摸有粗糙感。有些病症，如鳍条基部充血和柱鳍，则都是赤皮病、肠炎、烂鳃病以及其他一些细菌鱼病的病症之一。因此除根据病鱼症状以外，还应该根据病原体的生活习性、条件、主要选择寄主等综合分析考虑。

②鳃：检查鳃部，重点是鳃丝。先看鳃盖是否张开，然后用剪刀小心把鳃盖剪掉，观察鳃片上鳃丝是否肿大或腐烂，鳃的颜色是否正常，黏液是否增多等。如果是细菌性烂鳃病，则鳃丝末端腐烂，严重的病鱼鳃盖内中间部分的内膜常腐蚀成一个不规则图形的“小窗”；若是鳃霉病，则鳃片颜色发白，鳃丝带微红色小点；若是车轮虫、斜管虫、鳃隐鞭虫、指环虫、三代虫等寄生虫引起的鱼病，鳃片则会有较多的黏液；若是中华鳋、双身虫、狭腹鳋、黏孢子虫等寄生虫，则常表现为鳃丝肿大，鳃盖张开等症状；小瓜虫、孢子虫大量寄生时，肉眼即可见大量白点，因此常被称为“白点病”。

③内脏：检查内脏时，应先把一边的腹壁剪掉，剪腹壁时注意不损伤内脏。先观察是否有腹水或肉眼可见的较大型寄生虫，其次是观察内脏的外表，如肝脏的颜色、胆囊是否肿大以及肠道是否正常。绦虫、吸虫、线虫等比较大的寄生虫，很容易就能看到；如果是肠炎，则会发现肠壁发炎、充血；如果是球虫病和黏孢子虫病，则肠道中一般有比较大型的瘤状物，切开瘤状物有乳白色的浆液，或肠壁上有成片或细散的小白点。

(2)鱼病的镜检　用显微镜、解剖镜和放大镜对鱼病进行检查，简称镜检。镜检是在鱼病情况较为复杂、仅凭肉眼查不能做出正确的诊断而做的更进一步的检查工作。在一般情况下，鱼病往往错综复杂，很多病原体又小，除了一些较明显、情况又较简单的，凭目测可以做出有把握的诊断外，一般都有必要进行镜检。

检查时应注意的事项：要用活的病鱼或刚死的病鱼进行检查。这是由于鱼死后寄生虫很快随之死去，寄生于鱼体的病原体又非常微小，死后往往很快改变形状或腐烂分解，因此时间稍长就很难确定其病原体。

取样时要保持病鱼鱼体湿润。若鱼体已干燥，寄生在鱼体表的寄生虫会同时被干掉，甚至连病鱼的症状也会变得不明显或无法辨认。因此应将病鱼装在带有原饲养水的桶或盆里拿出检查。

①检查方法：载玻片法适于低倍镜或高倍显微镜检查。方法是取下一块病组织或一小滴内含物，放在干净的载玻片上，滴入一滴清水或盐水，盖上盖玻片，轻轻地压平，先在低倍显微镜下检查，分辨不清或可疑的可再用高倍镜检查。用两片厚3～4 mm，6 cm×12 cm载玻片，先将要检查的组织或者是器官的一部分以及黏液等放在其中一片玻片上，滴上适量的盐水或清水(注意体表部分或黏液用普通水，体内器官或组织用0.56%的盐水)，再用另一片玻片将

其压成透明的薄层，即可放到解剖镜或低倍显微镜下检查。

②重点检查：鱼的各个组织器官、血液都可能有病原体的寄生，但在生产实践中，应该特别重点检查黏液、鳍条、鳃、肠胃和肝脏。

黏液：在鱼的体表黏液中，除了肉眼可见的较大型的寄生虫和病症外，往往有许多肉眼看不见的病原体，如颤动隐鞭虫、口丝虫、车轮虫以及吸虫囊蚴等，黏孢子虫和小瓜虫的孢囊肉眼也不易区分。在检查时，先用解剖刀取鱼体表的黏液，然后按照镜检方法将黏液放到显微镜或解剖镜下观察。

鳃：检查鳃，可先用剪刀取一小片鳃组织，放在载玻片上，滴入适量的清水，盖上盖玻片在显微镜下观察；然后刮取鳃片上的黏液或可疑物，同样按上述方法进行检查。鱼的鳃是特别容易被病原体侵袭寄生的部位，细菌或寄生虫性烂鳃、鳃霉、鳃隐鞭虫、黏孢子虫、微孢子虫、肤孢虫、车轮虫、小瓜虫、舌杯虫、毛管虫等原行动物，指环虫、三代虫、双身虫等单殖吸虫，复殖吸虫囊蚴，软体动物的幼虫以及鳋类等，都会在鳃上寄生。为了检查的准确性，每边鳃至少要检查两片以上，取鳃组织时，最好从每一边鳃的第一片接近两端的位置剪取一小块，寄生虫大多在鳃小片的这两个位置上有寄生。

鱼类鳃丝镜检技术

肠胃：检查肠胃，首先应把肠道外壁上所有的脂肪组织尽量去除干净，否则在检查时脂肪进入肠道内，检查物不易进行观察。脂肪除去后，一般是先进行肉眼检查，观察肠道外形是否正常，将肠道分为前肠、中肠和后肠三段，分别进行检查。胃肠道也是最容易受细菌和寄生虫侵袭的地方。除了引起肠炎的细菌外，其他很多寄生虫和鞭毛虫、变形虫、黏孢子虫、微囊孢子虫、秋虫等原生动物以及复殖吸虫或线虫、鸡头虫、绦虫等都会经常被发现，有时数量还相当大。复殖吸虫、绦虫、线虫和鸡头虫，通常寄生在前肠或中肠；六鞭毛虫、变形虫、肠袋虫等，一般寄生在后肠近肛门3～6 cm的地方。

检查时除了主要发现较大型的寄生虫和在肠液中生活的寄生虫外，如果有小白点，压迫其包囊，往往可以看到大量的黏孢子虫，有时也会是微孢子虫。青鱼肠里溃烂或有白色瘤状物，往往是球虫的大量寄生。如果发红发紫，则一般是细菌性肠炎。

肝脏：检查肝脏，同样先用肉眼观察，注意肝脏的颜色与正常鱼有无明显变化，有无溃烂病变白色和肿瘤等。在肝脏的表面，有时可发现复殖吸虫的包囊或虫体，有的则有黏孢子虫、微孢子虫或球形虫组成的包囊小白点。观察外表后，从肝脏取少许组织，放在载玻片上，盖上盖玻片，轻轻压平，先在低倍镜下观察，然后再用高倍镜观察，通常可以在病鱼肝脏上发现黏孢子虫、微孢子虫等的孢子或包囊，有时还有吸虫囊蚴。

二、常见鱼病的诊断和防治方法

1.草鱼出血病

(1)临床症状　草鱼出血病有三种症状：①红肌肉型：剥开濒死鱼皮肤可见肌肉出血，鳃丝因肌肉大量出血而苍白(图8-1A)。②红鳍红鳃盖型：濒死鱼体表尤其是口腔、下颌、鳃盖、眼球及各鳍条明显充血或出血(图8-1B、C、D)。③肠炎型：濒死鱼解剖后可见肠道充血、出血，肠道全部或局部呈鲜红色，但是肠道弹性较好，不易扯断，肠道内容物不多，基本无脓状物(8-1E)。这三种症状在发病后可能会同时出现，也可能继发细菌感染出现其他如烂鳃(图8-1F)、赤皮等症状。

A. 肌肉点状出血、鳃丝发白　B. 口腔及眼球出血或充血　C. 鳍盖出血　D. 鳍条充血或出血　E. 肠道出血或充血　F. 烂鳃

图 8-1　草鱼出血病

(2)流行情况　草鱼出血病是一种全国广泛流行且危害严重的疾病，在草鱼的主要养殖区如湖北、江西、湖南、广东、江苏、安徽、东北等地发病严重，主要危害草鱼及青鱼鱼种，发病规格一般为 1.5 斤以下，2 斤以上的草鱼及青鱼发病的概率大幅降低。敏感水温在 22～33 ℃，27～30 ℃时发病最为严重。该病原对水温较为敏感，在敏感水温外几乎不发病。主要通过鱼体接触等方式进行传播。发病后若使用二氧化氯、苯扎溴铵、二硫氰基甲烷等消毒剂，死亡量会迅速上升。草鱼出血病疫苗在养殖区大量推广使用后，草鱼出血病的发病率已经大大降低，危害进一步减小。

(3)病原　病原为草鱼呼肠孤病毒。

(4)疾病诊断　根据流行病学、外表病症及病理变化可初步诊断，确诊需采用分子生物学、细胞培养技术或者电镜观察。细菌性肠炎和肠炎型的草鱼出血病体表症状、发病水温均相似，单纯从外观无法区分，在生产中可通过解剖肠道，对肠道弹性、内容物及肠壁完整度等细节进行初步鉴别，肠炎型草鱼出血病肠道弹性好、不易扯断，肠道无内容物，有时可见肠壁点状出血；草鱼细菌性肠炎肠道弹性差、易断，肠道内有大量脓状物。

(5)预防措施

①切断传播途径是关键，苗种购进时对苗种进行检疫，选择不携带病毒的苗种。②注射草鱼出血病疫苗是防止草鱼出血病的有效方法。③调节好水质，保持水质的稳定及优良，保证溶解氧的充足。④正确投喂，投喂质量可靠、配比科学的饲料，根据水温灵活调整投饵率，保证鱼体营养的均衡供给，可增强鱼体体质，降低该病的发生率及死亡率。⑤发病过的池塘养殖结束后应彻底清塘，杀灭环境中的病毒。

(6)参考治疗方案　草鱼出血病发生以后，保持水质稳定，关注治疗细节，保守处理，一般不会大规模暴发。

一旦发病，可先停止投饵 3～5 d，外用碘制剂泼洒，内服抗病毒的药物如板蓝根等，可以控制该病发展。值得注意的是，病毒病发生后防止细菌的继发感染是非常重要的措施。采用内外结合的治疗方法：第一天下午水体泼洒有机酸优化水环境；第二天上午水体泼洒优质碘制剂，隔天再泼洒1次；先停料3～5 d，待死亡量下降到稳定后从正常投饵量的1/3开始投喂，同时在饲料中添加板蓝根（金银花）、免疫多糖、维生素、恩诺沙星（有细菌的并发感染时需添加）等一起投喂，每天2次，连续投喂5～7 d。

（7）注意事项

①草鱼出血病病毒有3个亚种，在制作、注射灭活疫苗工作中最好选择当地发病鱼为材料制作的疫苗，这样才能保证效果，如果注射的疫苗亚型不对，免疫保护效果较差。②体重在150 g以下的鱼苗注射疫苗保护率较高，体重超过500 g的草鱼注射疫苗意义不大。③各地购买的药物如板蓝根、恩诺沙星、维生素等的具体使用剂量，需咨询购买网点的技术人员。④病毒性疾病发生后，外用消毒剂只能选择碘制剂，在疾病治疗过程中，切勿换水、泼洒杀虫剂、过量投料、使用刺激性的化学改底药物，勤开增氧机，保证溶解氧充足。⑤盐酸吗啉胍（病毒灵）属于人用药物，水产养殖中禁止使用。

2. 鲤鱼疱疹病毒病

（1）临床症状　发病初期无明显症状，主要是池鱼摄食有所下降，少量鱼离群独游（图8-2A），随着病情的发展，池边可见大量病鱼慢游，濒死鱼体表无明显创伤，主要症状为眼球凹陷、头骨凹陷（图8-2B）、头部黏液异常分泌；鳃丝腐烂（图8-2C）；肠道弹性较好，解剖后可见肠壁充血，肠腔内无脓液或食物（图8-2D）。

A. 离群独游　B. 头骨和眼球凹陷　C. 眼球凹陷，鳃丝溃烂　D. 空肠、肠壁充血

图8-2　鲤鱼疱疹病毒病

(2)流行情况　该病对水温敏感,水温 18～28 ℃发病最为严重,在敏感水温范围外几乎不发病;该病可危害锦鲤、建鲤、框鲤、镜鲤等多种鲤鱼,若处理不当,可在短期内暴发,死亡率达 90%～100%。该病对鲤鱼的养殖危害严重,可导致鲤鱼的养殖量大幅下降。

(3)病原　病原为鲤疱疹病毒Ⅲ型,属疱疹病毒科,为双链 DNA 病毒。河南等地的养殖户也将此病称为鲤鱼急性烂鳃病。

(4)疾病诊断　根据流行病学、外表病症及病理变化可初步诊断,确诊需采用分子生物学、细胞培养技术或者电镜观察。

(5)预防措施

①切断传播途径是关键,苗种购进时对苗种进行检疫,选择不携带病毒的苗种。②调节好水质,保持水质的稳定及优良,保证溶解氧的充足。③正确投喂,投喂质量可靠、配比科学的饲料,保证鱼体营养的均衡供给。④在水温 16 ℃时即开始投喂免疫增强剂,时间为 10～15 d,提前强化鱼体免疫力,可降低该病的发生及危害。⑤发病过的池塘养殖结束后彻底清塘,杀灭环境中的病毒。

(6)参考治疗方案

外用:第一天下午使用有机酸优化水质。第二天上午全池泼洒优质碘制剂,隔天再用 1 次。

内服:先停料 3～5 d,待死亡量下降到稳定后从正常投饵量的 1/3 开始投喂,同时在饲料中添加板蓝根(金银花)、免疫多糖、维生素、恩诺沙星(有细菌的并发感染时需添加)等一起投喂,每天 2 次,连续投喂 5～7 d。

(7)注意事项

①此病发生后,切勿进排水,否则会引起暴发性的死亡。②盐酸吗啉胍(病毒灵)对于此病有较好的治疗效果,但其属于人用药物,已被禁用。市面上流行的宣称可治愈该病的药物(饲料)可能添加有病毒灵,用户在购买、使用时需注意,可能涉及违法。③正确的诊断是有效治疗疾病的前提,该病有烂鳃的典型症状,极易被误诊为细菌性烂鳃病,疾病治疗前应对濒死鱼仔细观察,细致甄别。④一旦确诊该病,治疗时切勿泼洒除碘制剂以外的消毒剂,否则会引起暴发性死亡。⑤该病暴发后摄食变差,在外用碘制剂后的第 3 天左右摄食会有明显改善,整个疾病治疗过程中应坚持按疗程投喂内服药物,直至控制病情。

3.异育银鲫出血病

(1)临床症状　发病鱼摄食亢奋。濒死鱼离群独游(数量较少),全身发黑。病鱼捞出水面后,鳃部即开始大量出血(图 8-3A)。死亡鱼靠近水面一侧的鳃盖上有一红点,养殖户称为美人斑(图 8-3B)。检查濒死鱼,可见眼球及下颌、胸鳍基部点状出血,各鳍条末端发白,部分鱼有体表出血现象(图 8-3C)。解剖可见内脏粘连,肝胰脏充血严重,部分鱼有黄色半透明腹水,鱼鳔有点状出血点(图 8-3D)。

(2)流行情况　2007 年在江苏盐城首次被发现,2011 年起开始流行,现在全国都有发病,导致我国异育银鲫产量急剧下降。发病鱼主要是异育银鲫,黄金鲫有零星发病,同塘其他鱼不发病;从水花到成鱼都可以发病,成鱼发病率高于水花。16～28 ℃为其敏感水温,3 月底开始发病,10 月后减少,水温持续在 29 ℃以上 3～5 d 可不治而愈。

(3)病原　病原为鲤鱼疱疹病毒Ⅱ型。

A. 鳃大量出血　B. 鳃盖“美人斑”　C. 体表出血　D. 鳔点状出血

图 8-3　异育银鲫出血病

(4)疾病诊断　根据流行病学、典型症状及病理变化可初步诊断，确诊需用分子生物学方法。

(5)预防措施

①切断传播途径是关键，苗种购进时对苗种进行检疫，选择不携带病毒的苗种。②调节好水质可降低该病的发生率，主要是维持水质的稳定尤其是溶解氧稳定(重点要提高投饵区溶解氧)，避免低溶解氧胁迫的发生，同时应避免 pH 长期高于 9.0。③科学投喂，春末投喂时适当提高饲料档次，快速提升越冬后鱼的体质，对预防该病有一定的作用。④上半年在水温 15 ℃，下半年在水温 30 ℃时即开始加量投喂免疫增强剂，投喂时间不低于 10 d，提高鱼体免疫力。⑤将传统的抛投式投饵机改为远程投饲机或塔式投饲机，可以提高投饵区溶解氧，降低鱼摄食时的密度，降低病原的传播速度。⑥发过病的池塘应彻底消毒，清除病原。

(6)参考治疗方案

①死鱼数量上升迅速时(成倍增长时)应立即停止投料，直至死鱼数量下降到稳定(不再下降)后恢复投料，投饵率从停料前的 1/3 开始逐渐恢复到正常数量，同时在饲料中加量添加板蓝根、免疫制剂、维生素等，如果有细菌的继发感染，还应该添加恩诺沙星等抗生素。②死鱼数量稳定时应保守治疗，不要外用消毒剂(包括碘制剂)及杀虫剂，否则可能造成该病的快速暴发。③五倍子具有消炎、止血、收敛等功能，可清理体表黏液，促进伤口恢复。五倍子末加盐一起泼洒可用于本病暴发后的处理，对抑制疾病的发展有一定的作用。

(7)注意事项

①根据检测，病鱼黏液中含有大量病毒，抢食时的相互接触会导致病毒的传播和流行。因此发病后可以通过停料的方式降低病毒的传播，待病情稳定后再逐步恢复投料。②该病超出敏感水温后可不治而愈。上半年发病的池塘可通过停料或者降低投料，增强免疫力等方法等待水温回升，带毒养成的概率较高。下半年发病后如果死亡量较大，应及时捕捞销售，减少损失。③疫区异育银鲫苗种带毒率接近 100%，带毒养成已经成为异育银鲫养殖不可避免的问题，加强对苗种的产地检疫已十分重要。④新的鲫鱼品种如中科 5 号，可作为中科 3 号的替代品种进行推广。⑤停料至死鱼下降到稳定时即应恢复投料，不可长时间停料，否则鱼体虚弱，发病概率提高。

4. 细菌性烂鳃病

(1)临床症状　病鱼缓游或静卧于池塘下风及背风处，体色发黑(尤其是头部)，也称为“乌头瘟”。鳃盖骨内表皮充血发炎，严重时中间部分的表皮腐蚀成一个圆形不规则的透明小孔，俗称开天窗(图 8-4A)。剪去鳃盖骨可见黏液增多,鳃丝腐烂(图 8-4B),常带有污泥和杂物碎屑(图 8-4C))严重时鳃丝腐蚀,软骨外露。镜检可见鳃丝上有大量血窦(图 8-4D)。

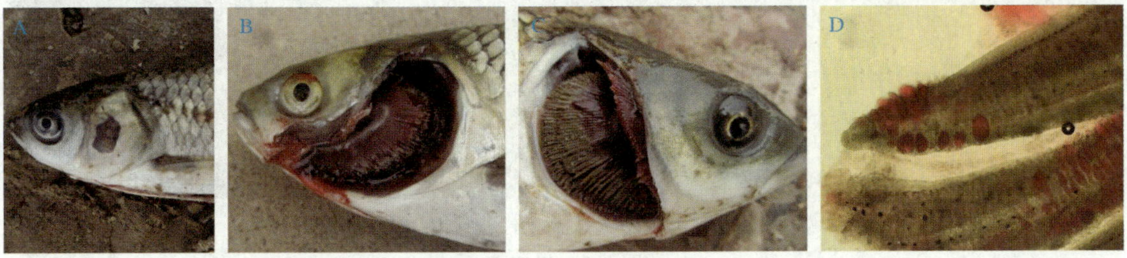

A. 鳃盖“开天窗”　B. 鳃丝腐烂　C. 鳃丝带污泥和杂物碎屑　D. 鳃丝上血窦

图 8-4　细菌性烂鳃病

(2)流行情况　可危害草鱼等几乎所有鱼类,从苗种至成体均可发生,尤其以一龄草鱼发病严重。一般流行于 4—10 月,夏季流行最多,在水温 15 ℃以上时开始流行;15～30 ℃范围内发病率随水温升高而增加,常和细菌性肠炎、赤皮病、细菌性暴发性出血病等并发。

(3)病原　该病病原为柱状黄杆菌,属于革兰氏阴性菌。

(4)疾病诊断　根据症状及病理变化可初步诊断,确诊需进行细菌分离、培养、鉴定及回感等试验。

(5)预防措施

①彻底清塘,杀灭池塘底部及池梗的病原,可降低该病的发生率。②易发病季节在投饵台周围使用氯制剂或生石灰等挂袋,可预防该病的发生。③调节好水质,改良底质,降低水体中有机质含量,可降低此病的发生。④定期对鱼做标准化体检,控制鳃部寄生虫数量,可降低该病的发生率。

(6)参考治疗方案

外用:一旦发生此病,使用优质碘制剂泼洒,含量 10%的聚维酮碘 500 mL 泼洒 1～2 亩,隔天再用 1 次。

内服:①恩诺沙星拌饲内服,剂量为每千克体重 20～40 mg,每日 2 次,连用 5～7 d;②氟苯尼考拌饲内服,剂量为每千克体重 10～20 mg,每天 1 次,连喂 5～7 d。

(7)注意事项

①除了细菌可引起烂鳃外,寄生虫感染、水质过酸或者过碱、高浓度高腐蚀性的药物泼洒不均匀等也可引起烂鳃,诊断时需结合鳃部镜检、水质检测及用药情况询问等工作具体分析,对症下药,方能取得较好的治疗效果。②氯制剂刺激性较大,应避免用于鳃病的处理。③选择符合国家规范的企业生产的药物方可保证药品质量,达到治疗效果。

5. 赤皮病

(1)临床症状　病鱼离群独游,发病初期体表病灶部位色素消退,发白(图 8-5A),随着感染进一步加深,病灶部位充血发红。严重时病鱼皮肤出血,发炎,鳞片松动、脱落(图 8-5B、C),少量鱼鳍条末端部分全部腐烂,形成柱鳍症状。赤皮病通常发生在鱼体受伤且没有及时消毒处理时,为条件致病性疾病。

(2)流行情况　主要流行于水温较高的养殖季节,对青鱼、草鱼、鲫鱼等多种淡水鱼都有危害,从鱼种到成鱼都可发生,危害较大。常与细菌性烂鳃病、细菌性肠炎并发。

A. 体表病灶部发白　B. 体表病灶部鳞片松动　C. 体表病灶鳞片脱落

图 8-5　赤皮病

(3)病原　病原为荧光假单胞菌，是一种需氧的革兰氏阴性菌。

(4)疾病诊断　根据症状及病理变化可初步诊断，确诊需进行细菌分离、培养、鉴定及回感等试验。

(5)预防措施

①彻底清塘，定期清淤，杀灭池塘底部及池梗的病原。②易发病季节在投饵台周围使用氯制剂(生石灰)等泼洒或挂袋，可预防该病的发生。③调节好水质，降低水体中有机质含量，可降低此病的发生。④在捕捞、运输、产卵后等关键节点及时对鱼体消毒，促进伤口恢复，可阻断病原菌的侵袭。

(6)参考治疗方案

外用：一旦发生此病，使用优质碘制剂或含氯消毒剂全池泼洒。①含量为10%的聚维酮碘溶液500 mL泼洒1～2亩，隔天再用1次；②二氧化氯兑水后全池泼洒，每亩水体使用100 g，病情严重时连续使用2～3次，每天1次。

内服：①恩诺沙星拌饲内服，每天2次，剂量为每千克体重20～40 mg，连用5～7 d；②氟苯尼考拌饲内服，剂量为每千克体重10～20 mg，每天1次，连喂5～7 d。

(7)注意事项　本病为条件致病，鱼体受伤是发病的必要条件。因此在做可能导致鱼体受伤的操作后应第一时间处理，防止病原菌的继发感染。外用消毒剂的剂量与水体的有机质含量、藻类丰度等相关，在有机质丰富、水质较肥的水体施药时应适当增加剂量。

6. 肠炎

(1)临床症状　发病初期鱼体发黑，食欲减退，外观无其他明显症状。池塘中有大量漂浮的粪便(图8-6A)，解剖后可见肠壁局部或全部充血发炎，肠道内有少量食物(图8-6B)。随着疾病的发展，腹部膨大，肛门红肿，解剖后可见腹腔中有黄色或红色腹水。整个肠道充血发红，肠管松弛，肠壁薄、无弹性，轻拉易断，肠道中有黄色脓液或气泡(图8-6C)，有时肠系膜、肝胰脏等也有充血现象。

(2)流行情况　可感染草鱼、青鱼、团头鲂等几乎所有鱼类，幼鱼至成鱼都可发生，摄食量越大的鱼越容易发生此病，可引起较大的死亡，流行季节为4—9月。过量投喂，饵料适口性差是主要的诱发因素，底质恶化，淤泥沉积，水中有机质含量过高的鱼池和投喂变质饵料时也会发生此病。

(3)病原　病原为肠型豚鼠气单胞菌，为革兰氏阴性菌，是一种常见的消化道疾病。

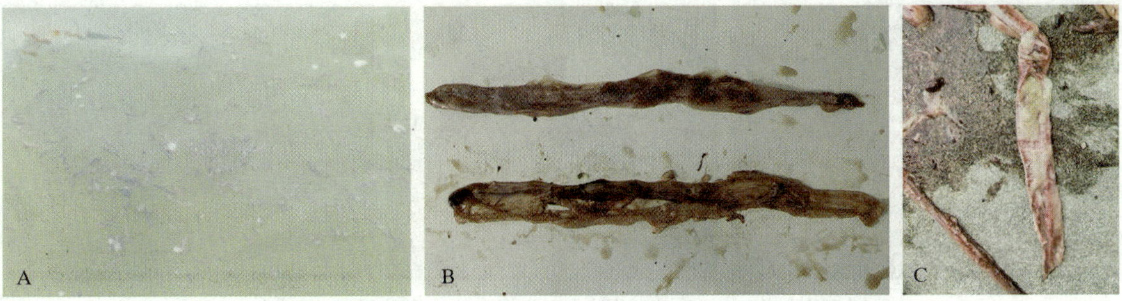

A. 池中飘浮粪便　B. 肠道内食物稀少　C. 肠道充血发红，有黄色脓液

图 8-6　肠炎

(4)疾病诊断　根据症状及病理变化可做初步判断。确诊需对病原进行分离、纯化、鉴定及回感。

(5)预防措施

①彻底清塘，定期清淤，杀灭池塘底部及池梗的病原。②易发病季节提前在饲料中添加乳酸菌（丁酸梭菌）或者优质发酵饲料拌喂，可预防该病的发生。③根据天气灵活调整投饵率，投喂适口性好的饲料；阴雨天气，溶解氧不足、温差较大时适当降低投饵率或停止投饵，可降低该病的发生。④建立标准化的鱼体检查步骤，重点对消化道尤其是肠道进行检查，关注消化道寄生虫及溃疡情况，发现问题及时处理。

(6)参考治疗方案　一旦发病，可降低投饵率至正常时的 2/3，同时采用下列措施处理：

外用：使用含氯制剂兑水后全池泼洒，剂量为 1.5～2.0 g/m^3 水体，隔天再用 1 次，或者用优质碘制剂全池泼洒，含量 10%的聚维酮碘溶液 500 mL 泼洒 1～2 亩，隔天再用 1 次。

内服：①氟苯尼考内服，剂量为每千克体重 10～20 mg，每天 1 次，连喂 5～7 d。②恩诺沙星内服，剂量为每千克体重 20～40 mg，每天 2 次，连用 5～7 d。

(7)注意事项

①氟苯尼考对肠炎病的治疗效果优于恩诺沙星，生产中治疗肠炎病应优先选择氟苯尼考。②有养殖户将大蒜素、三黄粉等作为预防药物长期添加于饲料中，该做法可能导致肠道菌群紊乱，停药后易诱发肠炎。③大蒜素、三黄粉等在治疗肠炎时配合主药使用可提高治疗效果。④治疗期间保持低投饵率，治愈后使用乳酸菌（丁酸梭菌）或者发酵饲料拌服 7～10 d，可调整肠道状态，防止复发。

7. 细菌性败血症

(1)临床症状　濒死鱼体表充血（图 8-7A）、出血严重，病鱼的吻端、下颌、眼球、鳃盖、各鳍条充血，肛门红肿出血，腹部膨大，有红色积液（图 8-7B），肝、脾、肾肿大，严重出血，肠道黏膜出血，发红（图 8-7C）。

(2)流行情况　细菌性败血症可引起几乎所有鱼类暴发性死亡，是造成养殖淡水鱼损失最大的一种细菌性疾病，流行时间为 5—9 月，水温越高，流行概率越大，暴发性越强，致死率越高。更容易发生于淤泥较厚，长期不清淤或清塘不彻底的池塘，这样的池塘一旦发生过该病后，往往每年都会发生。

(3)病原　引起该病的病原主要是嗜水气单胞菌，温和气单胞菌、豚鼠气单胞菌等也可引起该病，均属革兰氏阴性菌。

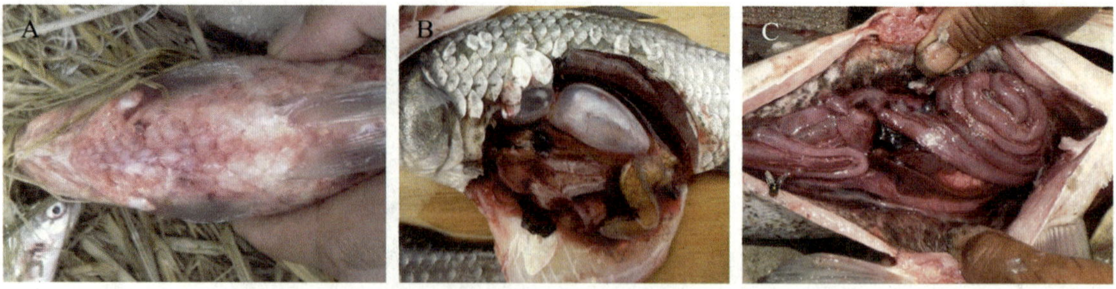

A. 病鱼体表充血　B. 病鱼腹腔有积液　C. 肠道、肝胰腺等组织发红

图 8-7　细菌性败血症

(4)疾病诊断　根据症状及病理变化可做初步判断。确诊需对病原进行分离、纯化、鉴定及回感。

(5)预防措施

①充分晒塘，彻底清塘，杀灭池塘底部及池梗的病原菌。②易发病季节在投饵台周围使用含氯制剂(生石灰)等泼洒或挂袋，可预防该病发生。③调节好水质，降低水体中有机质含量，保持水质优良、稳定。④重点关注锚头蚤等大型甲壳类寄生虫的寄生状况，其叮咬鱼体后造成的伤口在高温季节极易造成细菌的继发感染，导致该病暴发。高温季节花白鲢的细菌性败血症大多与锚头蚤的叮咬有关。⑤高温季节，暴雨前一天使用化学改底药物，可避免雨后有害细菌及池底废物的集中释放；雨后及时泼洒消毒剂，可促进鱼体伤口恢复，降低有害细菌数量，均可避免细菌性败血症的暴发。

(6)参考治疗方案

外用：①一旦发生此病，使用优质碘制剂全池泼洒，含量 10%的聚维酮碘溶液每亩泼洒 500 mL，隔天再用 1 次。②苯扎溴铵溶液全池泼洒，剂量为 0.5～1.0 g/m^3，隔天再用1 次。③含氯制剂溶液全池泼洒，剂量为 1.5～2.0 g/m^3，隔天再用 1 次。

内服：①恩诺沙星(可复配硫酸新霉素)拌饲内服，每天 2 次，剂量为每千克体重 20～40 mg，连用 5～7 d；②氟苯尼考拌饲内服，剂量为每千克体重 10～20 mg，每天 1 次，连喂 5～7 d。

(7)注意事项

①该病为条件致病，水体中病原菌数量较多，鱼体或消化道存在伤口等条件同时存在时，才会导致该病发生。因此加强鱼体检查频率，及时对体表及消化道伤口进行处理对该病的预防有重要意义。②寄生虫尤其锚头蚤是诱使该病暴发的重要原因，需加强关注。③该病的危害程度与水温成正比，温度越高，暴发越快，死亡量越大，一旦确诊后，应第一时间给药处理，避免造成大的损失。④斑点叉尾鮰等肉食性鱼类养殖池塘的花白鲢等因该病死亡后，应及时将病死鱼打捞，否则健康的斑点叉尾鮰会啃食病死鱼，将高致病的病原摄入消化道，一旦消化道有溃疡等入侵途径，病原就会入侵引起发病。⑤选择外用消毒剂时应结合水质情况，水质不良、天气不好时，苯扎溴铵等表面活性剂慎用，其对藻类影响较大，可能导致藻类死亡引起泛塘。

8. 竖鳞病

(1)临床症状　病鱼静卧池边或离群独游，体色发黑、眼球突出(图 8-8A)，腹部膨大、病灶部位鳞片竖立(图 8-8B)(严重时全身鳞片竖立)、鳞囊内充满大量含血的渗出液，用手轻压鳞囊，渗出液喷射而出，鳞片随即脱落。解剖病鱼可见腹腔积水，内脏出血严重（图 8-8C），部分病鱼有尾鳍出血的现象。

A. 病鱼体色发黑、眼球突出　B. 病鱼鳞片竖立　C. 病鱼腹腔积水、内脏出血

图 8-8　竖鳞病

（2）流行情况　主要流行于冬季和春季，流行水温 6～22 ℃，死亡率高达 50%以上。主要危害鲤、鲫、草鱼等鱼类，幼鱼及成鱼都可发生，幼鱼发生概率更高。水质恶化，鱼体体弱且受伤时最易暴发。

（3）病原　病原为水型点状假单胞菌，为革兰氏阴性菌。

（4）疾病诊断　根据症状及病理变化，可做出初步判断。确诊需对致病菌进行分离、鉴定及回感。

（5）预防措施

①做好秋季养殖管理，科学投喂，提升体质，改善底质。②入冬前调节好水质，使水体保持一定的肥度及溶解氧。

（6）参考治疗方案

外用：①一旦发生此病，使用优质碘制剂全池泼洒，含量 10%的聚维酮碘溶液 500 mL 泼洒 1～2 亩，隔天再用 1 次。②含氯制剂兑水后全池泼洒，剂量为 1.5～2.0 g/m^3，隔天再用 1 次。

内服：视投饵率情况灵活调整内服方案，投饵率达到 1%以上时可用：①恩诺沙星拌饲内服，每天 2 次，剂量为每千克体重 30～50 mg，连用 5～7 d。②氟苯尼考拌饲内服，剂量为每千克体重 20～40 mg，每天 1 次，连喂 5～7 d。

（7）注意事项

①该病为条件致病菌，鱼体出现伤口后才会发病，因此低温期应及时关注鱼体健康，定期体检很有必要。②发病时水温较低，若投饵率较低或不投饵时，治疗应以外用为主。③发病初期症状不明显，若发现濒死鱼体色发黑、腹部膨大、眼球突出，但鳞片竖立不典型时，也应按此病快速处理。④越冬期天气晴好时适当投喂，维持体质优良，可降低该病的发生率。

9. 链球菌病

（1）临床症状　濒死鱼离群独游、体色发黑，部分鱼在池中打转，不久即死；大部分患病鱼眼球突出（图 8-9A），鳃丝色淡（图 8-9B）；剖解可见肝胰脏、脾脏、肾脏充血或出血，肠道局部或全部充血，食物较少（图 8-9C），部分鱼有肠道胀气的情况。

（2）流行情况　该病是广东、海南等地罗非鱼、海鲈、鳜鱼等养殖中的常见病，网箱和池塘养殖中均可发生，主要危害亲鱼和 100 g 以上的幼鱼和成鱼；5—9 月水温 25～37 ℃时流行，水

A. 病鱼眼球突出　B. 病鱼鳃丝色淡　C. 病鱼内脏充血、肠道食少

图 8-9　链球菌病

温 32 ℃以上高发，发病率达 20%以上，部分池塘死亡率可达 80%以上。

(3)病原　病原为链球菌，系革兰氏阳性菌。

(4)疾病诊断　根据症状及病理变化，可做出初步判断。确诊需对致病菌进行分离、鉴定及回感。

(5)预防措施

①强化管理，调节好水质，防止池底恶化。②更换投饵机类型及位置，避免大量鱼挤在岸边抢食，降低体表受伤的概率。③天气突变，温度变化较大时适当降低投饵率或不投喂。④养殖结束后对水源、底泥彻底消毒，清除池中病原。

(6)参考治疗方案

外用：上午使用优质碘制剂全池泼洒，含量 10%的聚维酮碘溶液 500 mL 泼洒 1～2 亩，隔天再用 1 次。

内服：磺胺二甲嘧啶拌饲投喂，每天 2 次，剂量为每天每千克体重 100～200 mg，连用 5～7 d。首次使用时剂量加倍。

(7)注意事项

①由于缺水，海南地区罗非鱼养殖中清塘工作几乎缺失，这会导致致病菌的耐药性持续加强，链球菌病的防控难度进一步加大，需引起重视。②消化道创伤是链球菌入侵的重要途径，饲料中添加发酵饲料或者乳酸菌等可以促进消化道创伤的恢复，降低细菌入侵的概率。

10. 水霉病

(1)临床症状　水霉病是水霉寄生在鱼体或鱼卵上引起的一种真菌性疾病，为继发性疾病，鱼体受伤是水霉病发生的重要诱因。可寄生在鱼的体表或者口腔等处(图 8-10A)，病鱼焦躁不安，离群独游(图 8-10B)，游动迟缓，食欲减退，严重时可致死亡。疾病发生早期，在鱼体病灶部位有伤口出现，随着疾病的发展，菌丝不断在伤口处入侵，外菌丝向外长出，寄生部位组织坏死。鱼卵被寄生时可见鱼卵外面长出大量外菌丝，形似太阳，俗称“太阳卵”(图 8-10C)。

(2)流行情况　水霉病是广泛流行、危害较大的病害之一，可感染几乎所有鱼类及鱼卵，在各种养殖模式的池塘中都可发生，主要流行于冬季、春季。其发生一般与水温剧烈波动、鱼体受伤等有关；孵化水质不佳，有机质含量高，未及时捞取死卵是鱼卵感染的重要原因。流行的水温为 5～26 ℃，最适流行水温为 13～18 ℃。

(3)病原　病原主要是水霉属及绵霉属的一些种类，由内、外菌丝构成，内菌丝附着于鱼类伤口处，从损伤的皮肤、肌肉处吸取营养，外菌丝伸出鱼体组织外，形成肉眼可见的灰白色絮状物。

A.病鱼体表覆盖水霉　B.病鱼离群独游　C.鱼卵寄生水霉

图 8-10　水霉病

(4)疾病诊断　根据流行病学特征和临床症状,结合镜检观察即可确诊。

(5)预防措施

①养殖结束后彻底清塘,充分晒塘,杀灭池塘中的病原。②鱼体受伤后及时处理,避免伤口长期存在,可避免水霉的继发感染。③调节好水质,降低水体中有机质含量,可降低此病的发生。④越冬前加深水位,避免剧烈降温导致鱼体被冻伤后继发水霉。

(6)参考治疗方案　第一天上午使用小苏打(50 g/m^3)加盐(80 g/m^3)或者五倍子末(0.3 g/m^3)加盐(80 g/m^3)全池泼洒,隔天上午使用优质碘制剂全池泼洒,含量10%的聚维酮碘溶液500 mL泼洒1~2亩,隔天再用1次。

(7)注意事项

①此病是鱼类养殖过程中的常见传染病,传染性强,致死率高,易复发,做好预防工作非常重要。②此病为条件致病,入侵途径为体表的伤口,加强对鱼体的检查,及时处理伤口、预防鱼体受伤是防控该病的关键。③治疗时先处理水霉,然后对感染处的伤口进行处理,促进伤口恢复是防止复发的关键。

11.指环虫病

(1)临床症状　少量感染时无明显症状。大量寄生时,患病鱼体形消瘦,活力减弱,浮于水面。因其用钩固着在鱼的鳃丝,可导致鳃丝黏液异常分泌,鳃丝肿胀,鳃盖张开,病鱼呼吸困难,严重时可见鳃丝表面有一层蓝色的黏液层(图8-11A)。寄生于体表时,鱼体黏液异常分泌,病灶部位充血(图8-11B)。

(2)流行情况　指环虫是各种鱼类的常见寄生虫,可感染各种规格的鱼。主要流行于春末夏初,适宜寄生的温度为20~25 ℃。少量寄生时危害不大,大量寄生时可导致病鱼呼吸不畅甚至继发细菌感染,引起发病鱼死亡,危害较大。主要通过卵和幼虫传播。

(3)病原　为坏鳃指环虫等,主要寄生在淡水鱼类的鳃部。虫体有4个眼点(图8-11C),头部分为4叶(图8-11D),后端有盘状固着器1个,固着器有钩,可用于虫体的固定,属单殖吸虫类寄生虫。

(4)疾病诊断　取病鱼鳃丝制作鳃丝水浸片,镜检看到大量指环虫即可确诊。

(5)预防措施

①养殖结束后每亩用250~300 kg的生石灰带水清塘,以杀灭寄生虫幼虫和中间宿主。②指环虫流行季节,在投饵台用渔用敌百虫挂袋3~5 d,对预防指环虫等效果确切。③科学投喂,防止残饵、粪便的大量沉积,调节好池塘底质及水质,可预防指环虫的大量暴发。

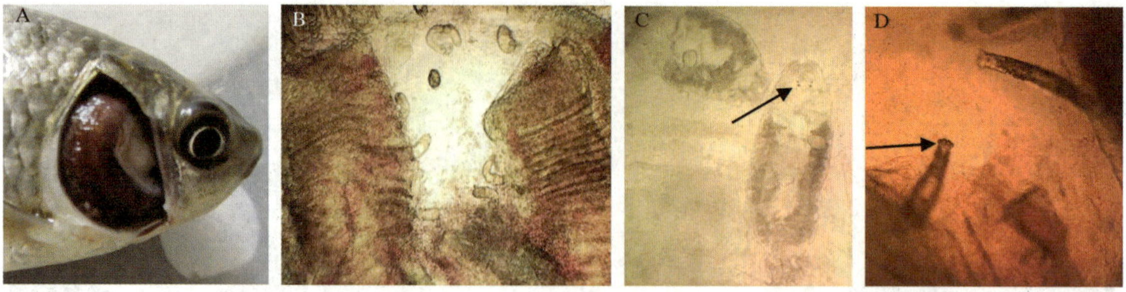

A. 病鱼鳃丝异常　B. 病鱼鳃丝寄生指环虫　C. 四个眼点　D. 头部分为四叶

图 8-11　指环虫病

(6)参考治疗方案

①渔用敌百虫兑水后全池泼洒，剂量为 0.7 mg/L。②含量为 8%的甲苯达唑溶液全池泼洒，剂量为 120～150 mL/亩。③驱虫类植物精油如桉树精油等内服，每天 1 次，连喂 3～5 d，内服后可再用渔用敌百虫外泼。

(7)注意事项

①少量指环虫寄生时，对鱼体危害不大，可不处理。②甲苯达唑溶液为治疗指环虫的国标药物，首次使用时效果最好，但是该药易形成耐药性，不推荐作为预防药物使用。③敌百虫应在上午使用，饵料投喂过后的半小时再用。使用前需对池水的 pH 进行检测，pH 超过 9 的池塘，禁止使用敌百虫。④敌百虫有胃毒的功效，使用后可能出现鱼类拒食的情况，此为正常现象，停药 2～3 d 后可自行恢复。⑤甲苯达唑对无鳞鱼毒性大，无鳞鱼养殖中慎用。

12. 三代虫病

(1)临床症状　少量感染时鱼无明显症状。大量寄生时，患病鱼体形消瘦，体色暗淡失去光泽，活力减弱，浮于水面，鳃盖张开，鳃丝肿胀，黏液异常分泌，病鱼呼吸困难，严重时可见体表出现一层灰白色黏液层。寄生于体表时，鱼体黏液异常分泌，病灶部位充血。

(2)流行情况　三代虫是各种鱼类的常见寄生虫，鱼苗、鱼种、成鱼阶段均可感染，尤其对鱼苗及鱼种危害较大，在全国各地都有流行。主要流行于春末夏初，适宜寄生的温度为 20～25 ℃。大量寄生时可导致病鱼呼吸不畅甚至继发细菌感染，引起死亡，危害较大。

(3)病原　病原为三代虫，主要寄生在淡水鱼类的鳃丝和体表(图 8-12A、B)。虫体无眼点，头部分为两叶(图 8-12C)，后端有盘状固着器一个，固着器有钩，可用于虫体的固定。其形

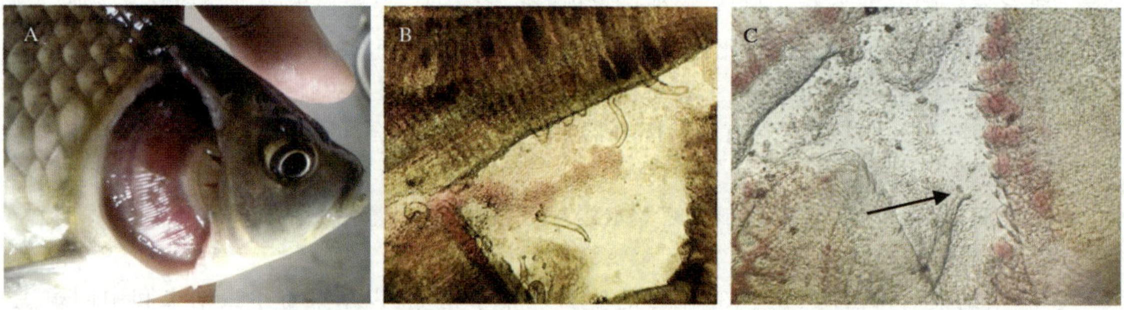

A. 病鱼鳃　B. 病鱼鳃丝寄生三代虫　C. 三代虫头部分为两叶

图 8-12　三代虫病

态、运动方式与指环虫相似，区分要点主要是眼点的有无及头部分叶的数量，属单殖吸虫类寄生虫。

(4)疾病诊断　镜检病鱼体表黏液或者鳃丝看到大量三代虫即可确诊。

(5)预防措施　同指环虫病。

(6)参考治疗方案　同指环虫病。

(7)注意事项　同指环虫病。

13. 锚头蚤病

(1)临床症状　锚头蚤可寄生在鱼的口腔(图 8-13A)、体表(图 8-13B)等处，寄生后可长出突出于体表的针状虫体，通常寄生部位会形成红色斑点，为继发细菌感染所致。病鱼食欲减退或不摄食，烦躁不安，在水中狂游。大量寄生时，浑身布满红色小点，随着时间的推移，红色小点逐步扩大，加深形成深度溃疡灶(图 8-13C)。高温季节花白鲢的暴发性出血病大部分由锚头蚤诱发引起。

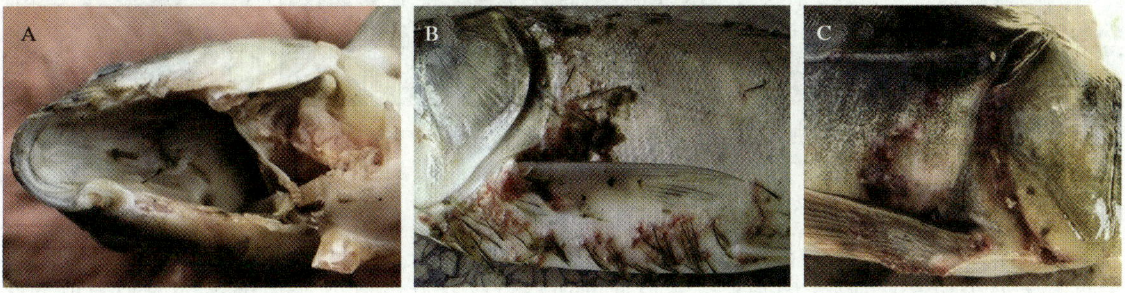

A. 病鱼口腔寄生锚头蚤　B. 病鱼体表寄生锚头蚤　C. 锚头蚤可对鱼体造成严重的创伤

图 8-13　锚头蚤病

(2)流行情况　全国均有流行，流行季节为 5—9 月，冬季也有零星感染，可危害草鱼、鲫鱼、鲢、鳙等多种淡水鱼，幼鱼及成鱼都可感染，危害大。

(3)病原　病原为锚头鳋，属于甲壳类寄生虫，危害较大。

(4)疾病诊断　肉眼观察到鱼体表、口腔、鳍条等处有针状虫体即可确诊。

(5)预防措施

①每亩用 250～300 kg 的生石灰带水清塘，以杀灭寄生虫幼虫和中间宿主。②流行季节，在投饵台用渔用敌百虫挂袋，连挂 3～5 d，对预防锚头蚤效果较佳。

(6)参考治疗方案

①晴天上午用渔用敌百虫 0.7～1 mg/L 浓度兑水后全池泼洒，每天 1 次，连用 2 d。②4.5% 的氯氰菊酯溶液 0.2～0.3 mg/L 全池泼洒，严重时需用 2 次。

(7)注意事项

①锚头蚤可刺破皮肤，在寄生处形成伤口，为细菌的继发感染留下隐患，因此杀灭锚头蚤后需及时泼洒消毒剂，促进伤口恢复。②敌百虫拌料内服可用于锚头蚤病的治疗，使用剂量为每 40 kg 的饲料拌敌百虫 125～150 g，每天 1 次，连喂 3 d，最好的下午投喂。敌百虫拌服前需充分溶解，将残渣过滤后再拌饲投喂。③目前养殖区流行着一些处理锚头蚤的“特效药”，成分及副作用都不明确，有些药物在使用后的半年甚至一年内都不会再生锚头蚤。流行病学调查

发现在频繁使用数年后，耐药性已经产生，效果已经降低，且部分药物对鱼体毒性较大，可能诱发“大红鳃”病。

14. 中华蚤病

（1）临床症状　少量感染时无明显症状，严重感染时食欲减退或不摄食，在水体表层打转或狂游，尾鳍上翘（图 8-14A），俗称翘尾巴病。观察病鱼可见鳃丝苍白，黏液异常分泌，鳃丝末端有白色蛆样虫体（图 8-14B）。秋季花白鲢、草鱼等的烂鳃病与中华蚤的寄生高度相关。

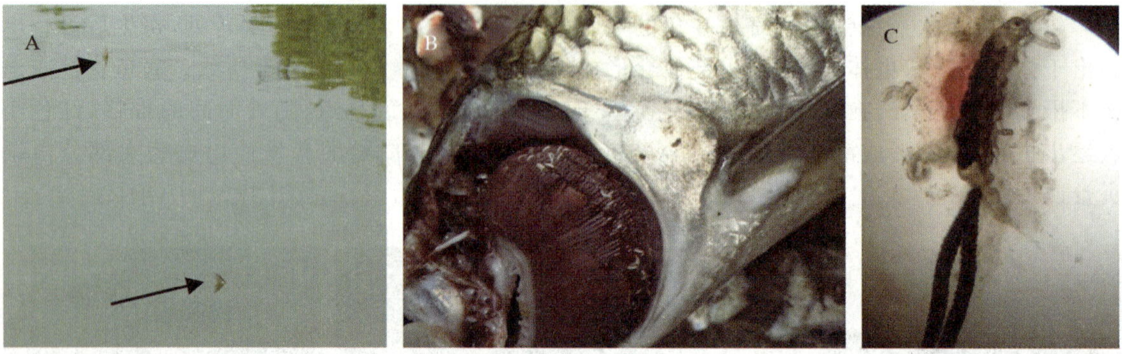

A. 病鱼在水中尾鳍上翘　B. 病鱼鳃上寄生中华蚤　C. 中华蚤（显微镜视野）

图 8-14　中华蚤病

（2）流行情况　流行季节为 5—10 月，主要危害草鱼、鲢、鳙等的鱼种及成鱼。秋季少量中华蚤寄生后不易发现，越冬期其在鳃丝造成的伤口持续存在并在开春后继发细菌感染造成花鲢越冬后普遍死亡，该情况应引起重视。

（3）病原　病原为大中华鳋等。中华蚤头部有一对尖角，一只眼点，雌虫身后常挂有两个卵囊（图 8-14C），属于甲壳类寄生虫。

（4）疾病诊断　鳃丝末端发现白色蝇蛆状虫体即可确诊。

（5）预防措施　同锚头蚤病。

（6）参考治疗方案

①晴天上午使用 90%晶体敌百虫 0.7～1 mg/L 浓度兑水后全池泼洒，每天 1 次，连用 2 d。②晴天上午使用 4.5%的氯氰菊酯溶液 0.2～0.3 mg/L 全池泼洒，严重时需用 2 次。③晴天上午使用辛硫磷溶液全池泼洒，50%的辛硫磷溶液使水体中浓度达 0.04 mL/m^3。

（7）注意事项

①中华蚤可破坏鳃丝，形成伤口，为细菌的继发感染留下隐患，秋季普遍发生的花白鲢及其他常见鱼类的烂鳃与中华蚤的感染高度有关，烂鳃病的防控中需重点关注中华蚤的寄生情况。②敌百虫内服可用于中华蚤的辅助治疗，剂量为每 40 kg 饲料拌敌百虫 125～150 g，每天 1 次，连喂 3 d，选择摄食最好的下午投喂。敌百虫拌服前需充分溶解，将残渣过滤后再使用。

15. 孢子虫病

（1）临床症状　病鱼体表、鳃、咽喉、脑等组织寄生大量孢子体（图 8-15），生产中常根据孢子在鱼体寄生组织称为不同孢子虫病（如肤孢子虫病、鳃孢子虫病、脑孢子虫病等），多数鱼摄食量下降或停止摄食，有时伴有鱼体发黑、鳃盖张开等。

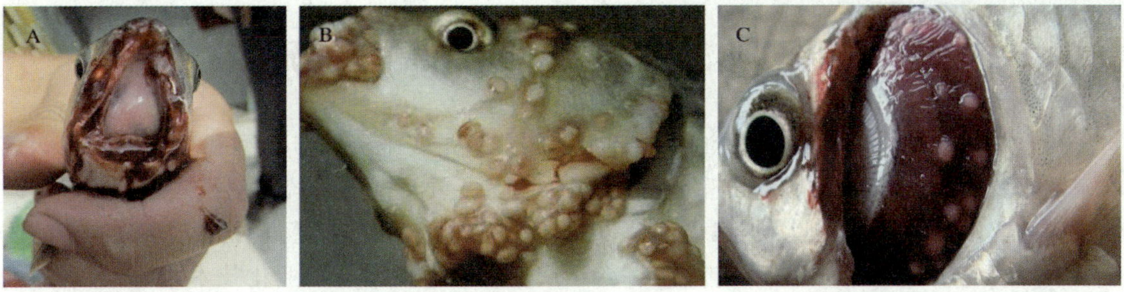

A.病鱼喉部寄生孢子虫 B.病鱼体表寄生孢子虫 C.病鱼鳃上寄生孢子虫

图 8-15 孢子虫病

(2)流行情况 主要危害异育银鲫,水花、鱼苗、鱼种及成鱼均可感染。4—10 月为流行季节,夏初秋末为流行高峰,水温超过 30 ℃时发病有所减少。发病后处理不当可引起异育银鲫的大量死亡,部分池塘死亡率高达 90%以上。

(3)病原 病原为孢子虫。

(4)疾病诊断 鱼体观察,结合解剖观察即可诊断。

(5)预防措施

①发病池塘养殖结束后充分晒塘,每亩用 250～300 kg 的生石灰、0.75 kg 敌百虫带水清塘,杀灭寄生虫幼虫和中间宿主。②异育银鲫养殖池塘套养适量黄颡鱼或者扣蟹,通过摄食中间寄主水丝蚓从而降低该病的发生率。③孢子虫易感季节定期用百部贯众散拌饲投喂,可预防孢子虫病。

(6)参考治疗方案

外用:①晴天上午,使用渔用敌百虫 1.0～1.2 mg/L 浓度全池泼洒,每天 1 次,连用 2 次,中间间隔 1 天。②晴天上午,使用含量为 45%的环烷酸铜溶液 100 mL/亩全池泼洒,每天 1 次,连用 2 次,中间间隔 1 天。

内服:①百部贯众散按 2.5 kg/t 饲料的剂量拌饲投喂,每天 1 次,连喂 5～7 d。②含量为 5%的地克珠利预混剂按 25 kg/t 饲料的剂量混饲投喂,每天 2 次,连喂 5～7 d。③含量为 50%的盐酸氯苯胍按 1 200 g/t 饲料的剂量拌饲投喂,每天 1 次,连喂 5～7 d。④含量为 50%的盐酸左旋咪唑拌饲投喂,剂量为每千克体重 4～8 mg,每天 1～2 次,连喂 5～7 d。

以上药物视养殖模式可以搭配使用。

(7)注意事项

①敌百虫为有机磷杀虫剂,具胃毒及触杀功能,泼洒后可造成鱼类短期内摄食不佳甚至拒食,若疾病治疗时需配合药物内服,应避免使用敌百虫。②盐酸氯苯胍毒性较大,按推荐剂量拌料会导致草鱼死亡。③盐酸氯苯胍使用时必须拌匀,否则会引起鱼类死亡。添加剂量需足量,剂量不足会影响治疗效果。④盐酸氯苯胍易形成耐药性,不适合作为预防药物。⑤盐酸氯苯胍的有效剂量范围较小,治疗过程中需严格按照推荐剂量添加。⑥异育银鲫精养池塘可将盐酸氯苯胍、盐酸左旋咪唑、百部贯众散、地克珠利、磺胺嘧啶 5 种药按推荐剂量拌饲投喂;草鲫混养池塘,不可使用盐酸氯苯胍。

任务四　池塘工程化设施养殖

绿水青山就是金山银山，开展池塘循环水设施养殖是实施资源节约型和环境友好型绿色养殖的重要内容。以“进水渠＋养殖池塘＋排水渠”为主要形式的传统养殖模式过度依赖资源性投资的弊端已露端倪，池塘工程化养殖以循环经济理念为指导，通过对传统养殖池塘的改造，科学布局养鱼与养水的空间与功能，综合运用新型养殖设施与工业化技术，从而实现高效生态养殖，主要包括池塘工程化内循环水设施养殖和池塘工程化外循环水设施养殖 2 种模式。

一、池塘工程化内循环水设施养殖

（一）养殖原理

池塘工程化内循环水设施养殖又称跑道式流水槽养鱼，是指利用占原有池塘总面积 2%～5%的水面，建设具有气提推水增氧和集排污装备的系列水槽作为养殖区进行类似于工厂化的高密度养殖并实施工业化的管理的养殖模式，同时，对其余 95%～98%的水面进行生态化改造后作为净化区，对残留在池塘的养殖尾水进行净化处理，实现养殖周期内养殖尾水的达标排放或循环利用。它将传统池塘“开放式散养”模式创新为新型的池塘内循环流水“集约化圈养”模式，这是水产养殖理念和技术的一次革新，其核心理念是“小面积养鱼、大面积养水”，科学布局养鱼与养水的空间与功能，综合运用新型养殖设施与工业化技术，从而实现高效生态养殖。

（二）内部布局

工程化内循环水设施养殖池塘一般面积 30 亩以上为宜，水深 2.0 m 以上。主要由养殖区和净化区两部分组成，其中养殖区安装养殖流水槽，水槽面积占池塘面积的比例控制在 2%～5%，净化区可设置植物净化区和水产动物净化区等。养殖期间池塘水沿养殖水槽、各种类型净化区循环使用，如图 8-16 所示。

1. 流水槽

水槽通常为长方形，包括提水区、养殖区和集污区，标准规格为：长 25 m（其中，集污区长 3 m）、宽 5 m、高 2.5 m，具体构造见图 8-17。集污区集污采用平底自动型轨道较为理想。

流水槽的构筑目前主要有两种方式：混凝土浇筑和钢架拼装式，应根据池塘底质状况采用不同的结构和材料来建筑养殖流水槽。一般而言，淤泥较多、底质较松软的池塘大都采用混凝土浇筑结构，施工时需先浇铸底板后才能施工；池塘淤泥较少、底质较硬的池塘既可以采用混凝土浇筑结构，也可以采用钢架拼接结构。钢架拼接结构采用的材料主要有：不锈钢、玻璃钢、阳光板、改性 PVC 板等。钢架拼接结构施工方便，建设成本相对较低，拆除方便、部分材料还有较大回收价值；但是风浪较大的地区还是建议采用混凝土浇筑结构。

2. 净化区

通过池塘的生态化改造建成适宜面积的浅水区、深水区，并设置导流墙和推水设备，实现整个净化区水体循环流动。在浅水区栽种水稻、莲藕、菱角、伊乐草、睡莲等沉水或挺水植物，

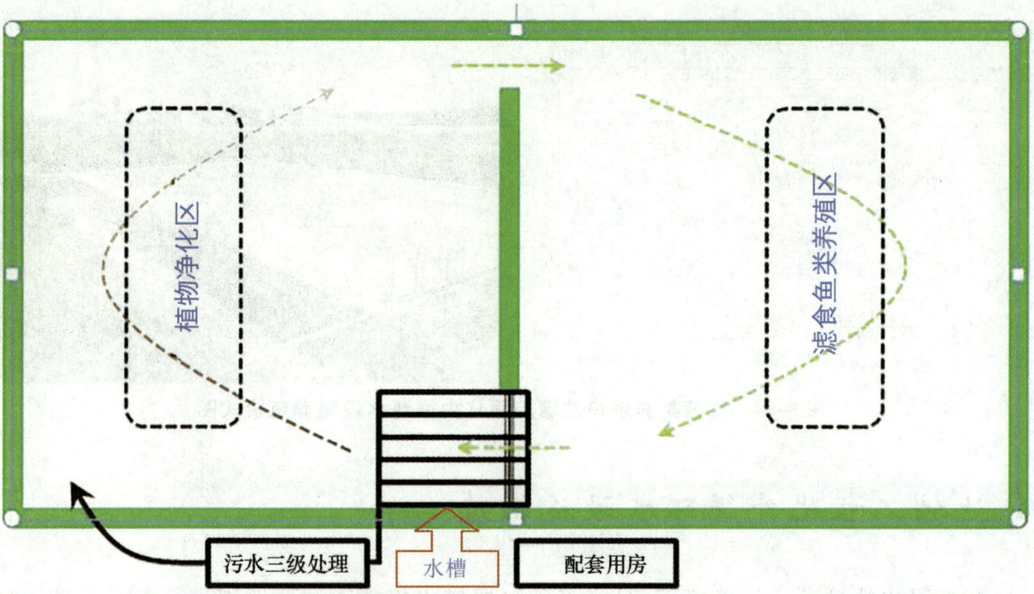

图 8-16　工程化内循环水设施养殖池塘水路循环图

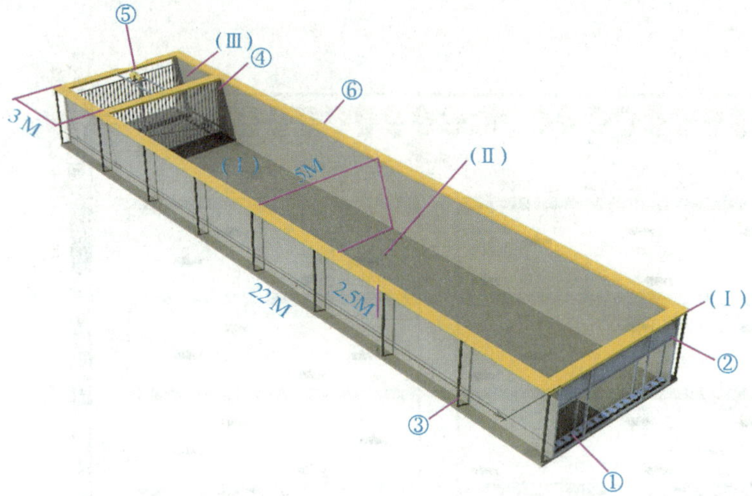

(Ⅰ)提水区(Ⅱ)养殖区(Ⅲ)集污区　①增氧盘②挡流板③桩体④拦网⑤吸污泵⑥过道

图 8-17　流水槽结构示意图

也可用浮床种植具有食用或观赏性的空心菜、薄荷等水生植物，种植品种以根系发达并可以多次收割的为主；水生植物的种植面积控制在净化区面积的 20%～30%。深水区以放养滤食性鱼类为主，一般鲢鳙比 3:1，每亩水面放养规格为 150～300 g/尾的鲢鳙鱼种 100 尾，也可放养部分螺蛳、河蚌等软体动物，适时投放微生物制剂等，为了增加净化区的综合经济效益，根据池塘条件还可以放养一定数量的虾、蟹、鳖等特种经济品种，养殖全过程原则上不投饵。应用案例见图 8-18。

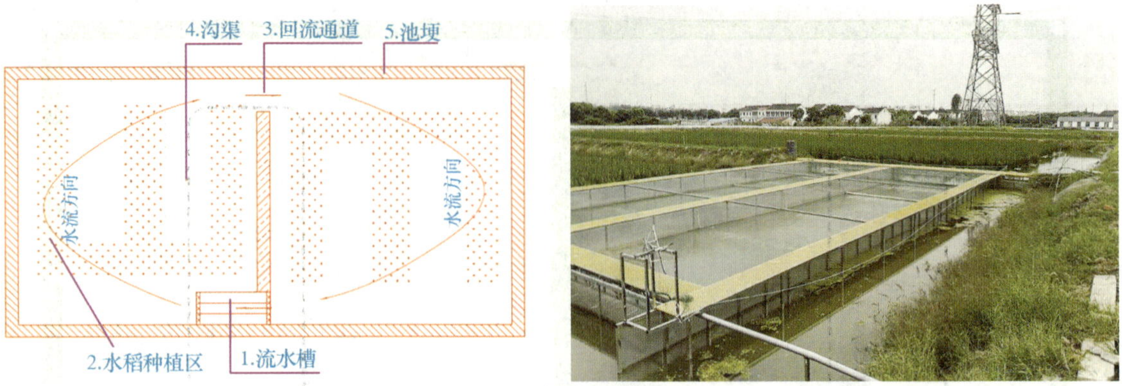

图 8-18　江苏某养殖户池塘工程化内循环水设施养殖模式图

二、池塘工程化外循环水设施养殖

池塘工程化外循环水设施养殖，是将养殖池塘排水集中在池塘四周进行多级处理，再循环进入养殖池塘中再利用。池塘外处理方式多种多样，包括水稻等水生植物净化等(图 8-19、图 8-20)。

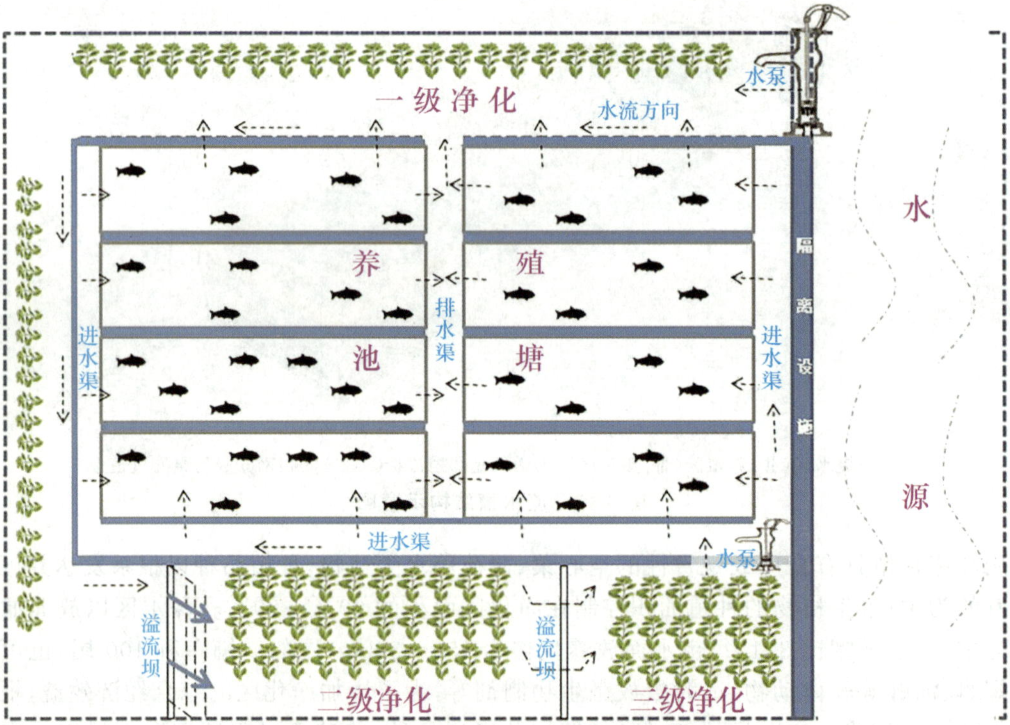

图 8-19　池塘工程化外循环水设施养殖示意图

图 8-20　池塘工程化外循环水养殖实例

任务五　成鱼捕捞、运输及销售

一、捕捞方法

(一)大扳罾网捕法

大扳罾网是在弓形十字架端结缚正方形网衣做成，网衣网目根据捕捞鱼的规格而定。需做一个简易的具有杠杆作用的起落架，为省力可固定两块大石头，石头重量应当轻于吊杆和网衣重量，当网具落下水时，吊杆和所系石头位置应稍向后倾斜。这样起网时便能轻而易举地将大扳罾网快速提起。捕捞时先将网衣沉入水中，捕鱼前敲击发出声响，少量投喂颗粒饲料。当鱼群抢食时，将扳罾网快速提起，鱼即进入网中。此法简单，可随需随捕，保证活鱼上市，鱼体不受伤，值得推广。

(二)大拉网捕捞法

大拉网是大水面养殖中常用的捕捞工具，由网头、翼网、上下钢绳、浮子组成。根据捕捞水域地理特点确定翼网的宽度，其宽度小的可达 100 m，大的可达 1 000 m 以上。拉网网片由尼龙线编织而成，上下钢绳可选用聚乙烯线制成的直径达 2 cm 的粗绳。捕捞地点水深的适宜用大拉网，起网岸边坡度平缓，网围底部较平坦。拉网人员可为 10～40 人。大拉网捕捞法主要用于捕捞鲢鱼、鳙鱼等中上层鱼类。

(三)抄网捕捞法

抄网由长 50 m、宽 15 m 的网翼及上下钢绳组成。作业时两只船上的捕捞人员各拉一边的上下钢绳，加大船速，迅速捕捞一定范围内的中上层鱼类。因冬季鱼类活动能力相对较弱，因此抄网捕捞时间一般选择在冬季。抄网捕捞法操作方便，动作迅速。作业人数一般为6～8人，每条船上3～4人。

(四)丝网捕捞法

丝网由许多长方形的单位网片连接而成，一般上纲装有浮子，下纲装有沉子。丝网下在鱼类经常栖息或洄流的通道上，使鱼进入网目或缠在网上而被捕捞。网目规格不同，所捕鱼的大小和品种也不同。各种鱼类都可以用此法捕获。

二、食用鱼运输技术

(一)利用帆布篓或活鱼运输车运输

帆布篓有圆形和方形两种，容积0.5～0.8 m^3。一般每篓能装水250～400 kg，装鲜活成鱼80～100 kg。篓运输时将帆布篓固定在钢制或木制的撑架上。这种运法一般成活率可达90%以上。

用集装箱(铁皮罐)充氧汽车运输，装运密度一般以敏感水温(15 ℃左右)每 m^3 装运500～600 kg为宜。若温度升高，密度应减少；反之，若温度降低，装运密度还可适当增大。另外，装运密度还应参考运输距离和时间作调整。运输途中适时换水。一般装车后2～3 h可换水1次，以后可间隔5～8 h换1次。换水间隔时间应根据水质变化情况及沿途水源条件灵活掌握。换水最好采用上进下排同时进行。每次换水时间不少于1 h。换水的同时应及时清除死鱼和其他杂物。氧气供应量以每瓶氧气在3.5～4.5 h内排完为宜。当然，供气量也要以装运的密度和运输距离作参考。氧气要用尽时，应及时快速换用另一瓶。运输途中每间隔1～2 h应检查一下车况是否良好，集装箱是否漏水，氧气供应系统是否正常，水质及鱼的变化情况怎样等，并及时采取相应的有效措施。

(二)麻醉运输

用药物将成鱼麻醉，使其呈昏迷状态，不能游泳和跳跃，呼吸频率减慢，代谢率降低，耗氧减少。可用于活鱼大密度长途运输。常用的药物有以下几种：

(1)巴比妥钠　把鱼放入1/7.5万的巴比妥钠溶液内运输。不久鱼就呈昏迷状态，腹部向上，呼吸减慢，不游动。在水温10 ℃时，能麻醉十几小时，放入清水后5～10 min就能苏醒。

(2)乙醚(或95%酒精)　运输前用药棉蘸乙醚(体重2～3 kg的鱼用0.5～0.8 mL)塞入鱼口内，2～3 min后鱼麻醉，再将鱼放入清水桶内或包在水草或湿布内运输，1次可麻醉2～3 h。此法简单易行，效果也好。

(3)碳酸氢钠(又名小苏打)　是一种价廉易得的鱼用麻醉剂，适宜的浓度为(150～600)$\times10^{-6}$ mg/L。在水温22 ℃时，可存活6～13 h。此法安全可靠，无毒。运输前预先配制6.75%的碳酸氢钠溶液(A液)和3.95%的硫酸溶液(B液)待用。如配制100×10^{-6}的药液2 000 L，可将A液和B液各1 000 mL徐徐加入水中搅匀即成。

大量试验证明，利用麻醉剂活体保鲜进行中长途运输，效果显著，且无毒副作用。

三、成鱼销售

10月以后进入成鱼销售季节，养殖户不能盲目等待价格上涨，在价格适当时即可考虑部分销售，避免销售风险，不要大量积压。即使暂不出售，有条件的也要考虑适当并塘，有利于部分塘口的清淤修整，为翌年及早做养殖相应的准备。平时以精饲料投喂为主，病害较多的塘口，体质较差，不宜囤养销售。

采取“公司＋农户”“公司＋基地＋农户”“公司＋协会＋基地＋农户”等经营模式，能够减小养殖户养殖风险，直接或间接推动农户发展养殖业。

职业能力测试

项目八测试题

项目八测试题参考答案

思考与练习

1. 简述池塘鱼类混养应遵循的基本原则。
2. 以池塘主养草鱼为例，设计一个亩产 1 500 kg 左右的养殖模式方案。
3. 什么是轮捕轮放？其生产应用意义有哪些？
4. 夏季捕“热水鱼”的操作要点有哪些？
5. 池塘养殖成鱼管理的主要工作任务有哪些？
6. 养殖生产中池鱼在哪些情况下容易出现浮头现象？
7. 预防池鱼浮头的措施有哪些？解救方法有哪些？
8. 简述鱼病诊断步骤。
9. 简述鱼病防治的主要措施。
10. 调研 1～2 家池塘工业化设施养殖企业，试分析该养殖模式要点。

附 录

附录一 《渔业水质标准》(GB 11607—89)(摘录)

3. 渔业水质要求

3.1 渔业水域的水质,应符合渔业水质标准(见表1)。

表1 渔业水质标准 mg/L

项目序号	项 目	标准值
1	色、臭、味	不得使鱼、虾、贝、藻类带有异色、异臭、异味
2	漂浮物质	水面不得出现明显油膜或浮沫
3	悬浮物质	人为增加的量不得超过10,而且悬浮物质沉积于底部后,不得对鱼、虾、贝类产生有害的影响
4	pH	淡水6.5～8.5,海水7.0～8.5
5	溶解氧	连续24 h中,16 h以上必须大于5,其余任何时候不得低于3,对于鲑科鱼类栖息水域冰封期其余任何时候不得低于4
6	生化需氧量(5 d、20 ℃)	不超过5,冰封期不超过3
7	总大肠菌群	不超过5 000个/L(贝类养殖水质不超过500个/L)
8	汞	≤0.000 5
9	镉	≤0.005
10	铅	≤0.05
11	铬	≤0.1
12	铜	≤0.01
13	锌	≤0.1
14	镍	≤0.05

续表 1 mg/L

项目序号	项 目	标准值
15	砷	≤0.05
16	氰化物	≤0.005
17	硫化物	≤0.2
18	氟化物(以 F 计)	≤1
19	非离子氨	≤0.02
20	凯氏氮	≤0.05
21	挥发性酚	≤0.005
22	黄磷	≤0.001
23	石油类	≤0.05
24	丙烯腈	≤0.5
25	丙烯醛	≤0.02
26	六六六(丙体)	≤0.002
27	滴滴涕	≤0.001
28	马拉硫磷	≤0.005
29	五氯酚钠	≤0.01
30	乐果	≤0.1
31	甲胺磷	≤1
32	甲基对硫磷	≤0.000 5
33	呋喃丹	≤0.01

3.2 各项标准数值系指单项测定最高允许值。

3.3 标准值单项超标，即表明不能保证鱼、虾、贝正常生长繁殖，并产生危害，危害程度应参考背景值、渔业环境的调查数据及有关渔业水质基准资料进行综合评价。

4. 渔业水质保护

4.1 任何企、事业单位和个体经营者排放的工业废水、生活污水和有害废弃物，必须采取有效措施，保证最近渔业水域的水质符合本标准。

4.2 未经处理的工业废水、生活污水和有害废弃物严禁直接排入鱼、虾类的产卵场、索饵场、越冬场和鱼、虾、贝、藻类的养殖场及珍贵水生动物保护区。

4.3 严禁向渔业水域排放含病源体的污水；如需排放此类污水，必须经过处理和严格消毒。

附录二 《无公害食品 淡水养殖用水水质》(NY 5051—2001)(摘录)

3. 要求

3.1 淡水养殖水源应符合 GB 11607 规定。

3.2 淡水养殖用水水质应符合表 1 要求。

表 1 淡水养殖用水水质要求

序号	项目	标准值
1	色、臭、味	不得使养殖水体带有异色、异臭、异味
2	总大肠菌群,个/L	≤5 000
3	汞,mg/L	≤0. 000 5
4	镉,mg/L	≤0. 005
5	铅,mg/L	≤0. 05
6	铬,mg/L	≤0. 1
7	铜,mg/L	≤0. 01
8	锌,mg/L	≤0. 1
9	砷,mg/L	≤0. 05
10	氟化物,mg/L	≤1
11	石油类,mg/L	≤0. 05
12	挥发性酚,mg/L	≤0. 005
13	甲基对硫磷,mg/L	≤0. 0005
14	马拉硫磷,mg/L	≤0. 005
15	乐果,mg/L	≤0. 1
16	六六六(丙体),mg/L	≤0. 002
17	DDT,mg/L	≤0. 001

4. 测定方法

淡水养殖用水水质测定方法见表 2。

表 2　淡水养殖用水水质测定方法

序号	项目	测定方法		测试方法标准编号	检测下限 mg/L
1	色、臭、味	感官法		GB/T 5750	—
2	总大肠菌群	(1)多管发酵法		GB/T 5750	—
		(2)滤膜法			
3	汞	(1)原子荧光光度法		GB/T 8538	0.000 05
		(2)冷原子吸收分光光度法		GB/T 7468	0.000 05
		高锰酸钾-过硫酸钾消解法 双硫腙分光光度法		GB/T 7469	0.002
4	镉	(1)原子吸收分光光度法		GB/T 7475	0.001
		(2)双硫腙分光光度法		GB/T 7471	0.001
5	铅	(1)原子吸收分光光度法	螯合萃取法	GB/T 7475	0.01
			直接法		0.2
		(2)双硫腙分光光度法		GB/T 7470	0.01
6	铬	二苯碳二肼分光光度法(高锰酸盐氧化法)		GB/T 7466	0.004
7	砷	(1)原子荧光光度法		GB/T 8538	0.000 4
		(2)二乙基二硫代氨基甲酸银分光光度法		GB/T 7485	0.007
8	铜	(1)原子吸收分光光度法	螯合萃取法	GB/T 7475	0.001
			直接法		0.05
		(2)二乙基二硫代氨基甲酸钠分光光度法		GB/T 7474	0.010
		(3)2,9-二甲基-1,10-菲啰啉分光光度法		GB/T 7473	0.06
9	锌	(1)原子吸收分光光度法		GB/T 7475	0.05
		(2)双硫腙分光光度法		GB/T 7472	0.005
10	氧化物	(1)茜素磺酸锆目视比色法		GB/T 7483	0.05
		(2)氟试剂分光光度法		GB/T 7484	0.05
		(3)离子选择电极法		GB/T 7482	0.05
11	石油类	(1)红外分光光度法		GB/T 16488	0.01
		(2)非分散红外光度法			0.02
		(3)紫外分光光度法		《水和废水监测分析方法》(国家环保局)	0.05
12	挥发酚	(1) 蒸馏后 4-氨基安替比林分光光度法		GB/T 7490	0.002
		(2)蒸馏后溴化容量法		GB/T 7491	—
13	甲基对硫磷	气相色谱法		GB/T 13192	0.000 42
14	马拉硫磷	气相色谱法		GB/T 13192	0.000 64

续表 2

序号	项目	测定方法	测试方法标准编号	检测下限 mg/L
15	乐果	气相色谱法	GB/T 13192	0.000 57
16	六六六	气相色谱法	GB/T 7492	0.000 04
17	DDT	气相色谱法	GB/T 7492	0.000 2

注：对同一项目有两个或两个以上测定方法的，当对测定结果有异议时，方法(1)为仲裁测定执行。

5. 检验规则

检测样品的采集、贮存、运输和处理按 GB/T 12997、GB/T 12998 和 GB/T 12999 的规定执行。

6. 结果判定

本标准采用单项判定法，所列指标单项超标，判定为不合格。

附录三 《池塘养殖尾水排放标准》(DB 32/4043—2021)(摘录)

3.1　池塘养殖尾水

由池塘养殖产生，排入外界公共水域的水。

4. 分级分类

4.1　排放分级

根据养殖尾水受纳水域的功能，将养殖尾水排放限值分为一级和二级。

4.2　尾水受纳水域分类

4.2.1　重点保护水域

以下尾水受内水域属于重点保护水域：

a)淡水重点保护水域包括 GB 3838—2002 中的鱼虾类越冬场、洄游通道、水产养殖区等渔业水域及游泳区，以及《江苏省通榆河水污染防治条例》规定的通榆河二级保护区和《江苏省人民代表大会常务委员会关于促进大运河文化带建设的决定》规定的京杭大运河苏南段；

b)海水重点保护水域包括 GB 3097—1997 中的水产养殖区、海水浴场、人体直接接触海水的海上运动或娱乐区、与人类食用直接有关的工业用水区。

注：a)、b)中提及的水产养殖区不包括池塘养殖区。

4.2.2　一般水域

以下尾水受纳水域属于一般水域：

a)淡水一般水域包括 GB 3838—2002 中的一般工业用水区、人体非直接接触的娱乐用水区、农业用水区、一般景观要求水域；

b)海水一般水域包括 GB 3097—1997 中的一般工业用水区、滨海风景旅游区、海洋港口水域及海洋开发作业区；

c)其他未明确环境功能的水域。

5. 排放限值及要求

5.1 淡水受纳水域养殖尾水排放限值按表 1 执行。

表 1 淡水受纳水域养殖尾水排放限值

序号	项目	一级	二级
1	悬浮物，mg/L	≤40	≤85
2	pH	6～9	
3	总氮(以 N 计)，mg/L	≤3.0	≤6.0
4	总磷(以 P 计)，mg/L	≤0.4	≤0.8
5	高锰酸盐指数，mg/L	≤15	≤25

5.2 海水受纳水域养殖尾水排放限值按表 2 执行。

表 2 海水受纳水域养殖尾水排放限值

序号	项目	一级	二级
1	悬浮物，mg/L	≤40	≤100
2	pH	7.0～8.5，同时不超过该水域正常变动范围的 0.5 单位	6.5～9.0
3	总氮(以 N 计)，mg/L	≤3.0	≤5.0
4	总磷(以 P 计)，mg/L	≤0.5	≤1.0
5	化学需氧量，mg/L	≤10	≤20

5.3 特别排放限值按表 3 执行。

表 3 特别排放限值

序号	项目	一级	二级
1	悬浮物，mg/L	≤40	≤80
2	pH	6～9	
3	总氮(以 N 计)，mg/L	≤2.0	≤3.0
4	总磷(以 P 计)，mg/L	≤0.3	≤0.4
5	化学需氧量，mg/L	≤8	≤12

5.4 排放要求

5.4.1 法律法规禁止设置排口的水域不得设置养殖尾水排口。

5.4.2 向淡水重点保护水域、淡水一般水域排放养殖尾水，应分别执行表 1 中的一级限值、二级限值要求。

5.4.3 向海水重点保护水域、海水一般水域排放养殖尾水，应分别执行表 2 中的一级限值、二级限值要求。

5.4.4 向《江苏省太湖水污染防治条例》规定的太湖流域一级保护区、二级保护区排放养殖尾水，应分别执行表 3 中的一级限值、二级限值要求。

5.4.5 向兼作农田灌溉的水域排放养殖尾水，非盐碱土地区尾水盐度应不大于 1，盐碱土地区尾水盐度应不大于 2。

6. 监测方法

6.1 采样

6.1.1 采样点

养殖尾水水质监测样品的采样点设在养殖体系排放到外界公共水域的排口处；如果有多处排口，应分别设置采样点。

6.1.2 采集、贮存、运输和预处理

淡水样品采集、贮存、运输和预处理应符合 HJ 493、HJ 494、HJ 495 的规定，海水样品及盐度大于 2 的其它样品采集、贮存、运输和预处理应符合 GB 17378.3 的规定。

6.2 测定方法

淡水样品依据表 4 的分析方法测定，海水样品及盐度大于 2 的其他样品依据表 5 的分析方法测定。

表 4 淡水水质测定方法

序号	项目	分析方法	依据标准
1	悬浮物	重量法	GB 11901
2	pH	电极法	HJ 1147
3	总氮	(1)碱性过硫酸钾消解紫外分光光度法	HJ 636
		(2)连续流动-盐酸萘乙二胺分光光度法	HJ 667
		(3)流动注射-盐酸萘乙二胺分光光度法	HJ 668
		(4)气相分子吸收光谱法	HJ/T 199
4	总磷	(1)钼酸铵分光光度法	GB 11893
		(2)连续流动-钼酸铵分光光度法	HJ 670
		(3)流动注射-钼酸铵分光光度法	HJ 671
5	高锰酸盐指数	高锰酸钾法	GB 11892

表 5　海水水质测定方法

序号	项目	分析方法	依据标准
1	悬浮物	重量法	GB 17378.4
2	pH	pH 计法	GB 17378.4
3	总氮	(1)过硫酸钾氧化法	GB 17378.4
		(2)流动分析法	HY/T 147.1
4	总磷	(1)过硫酸钾氧化法	GB 17378.4
		(2)流动分析法	HY/T 147.1
5	化学需氧量	碱性高锰酸钾法	GB 17378.4
6	盐度	盐度计法	GB 17378.4

7. 结果判定

本文件采用单项判定法，当监测项目单项超标，即判定为不符合排放标准；测定值与排放限值比较采用 GB/T 8170 规定的修约值比较法。

8. 实施与监督

8.1　实施

现有池塘养殖尾水排放自 2023 年 6 月 1 日起执行，新（改、扩）建的池塘养殖尾水排放自本文件实施之日起执行；其他列入各级各类环境整治目标的地区或养殖品种，排放标准严于本文件要求的，按其规定执行。

8.2　实施监督

本文件由生态环境主管部门负责统一监督实施，农业农村主管部门在其职责范围内监督实施。

附录四　水产养殖用药相关规定(摘录)

表 1　动物食品中禁止使用的药品及其他化合物清单

序号	名称	依据
1	酒石酸锑钾(Antimony potassium tartrate)	农业农村部公告第 2019.12 号
2	β-兴奋剂(β-agonists)类及其盐、酯	
3	汞制剂：氯化亚汞(甘汞)(Calomel)、醋酸汞(Mercurous acetate)、硝酸亚汞(Mercurous nitrate)、吡啶基醋酸汞(Pyridyl mercurous acetate)	
4	毒杀芬(氯化烯)(Camahechlor)	
5	卡巴氧(Carbadox)及其盐、酯	
6	呋喃丹(克百威)(Carbofuran)	
7	氯霉素(Chloramphenicol)及其盐、酯	
8	杀虫脒(克死螨)(Chlordimeform)	

续表 1

序号	名称	依据
9	氨苯砜(Dapsone)	农业农村部公告第 250 号
10	硝基呋喃类:呋喃西林(Furacilinum)、呋喃妥因(Furadantin)、呋喃它酮(Furaltadone)、呋喃唑酮(Furazolidone)、呋喃苯烯酸钠(Nifurstyrenate sodium)	
11	林丹(Lindane)	
12	孔雀石绿(Malachite green)	
13	类固醇激素:醋酸美仑孕酮(Melengestrol Acetate)、甲基睾丸酮(Methyltestosterone)、群勃龙(去甲雄三烯醇酮)(Trenbolone)、玉米赤霉醇(Zeranal)	
14	安眠酮(Methaqualone)	
15	硝呋烯腙(Nitrovin)	
16	五氯酚酸钠(Pentachlorophenol sodium)	
17	硝基咪唑类:洛硝达唑(Ronidazole)、替硝唑(Tinidazole)	
18	硝基酚钠(Sodium nitrophenolate)	
19	己二烯雌酚(Dienoestrol)、己烯雌酚(Diethylstilbestrol)、己烷雌酚(Hexoestrol)及其盐、酯	
20	锥虫砷胺(Tryparsamile)	
21	万古霉素(Vancomycin)及其盐、酯	

表 2　食品动物中停止使用的兽药

序号	名称	依据
1	洛美沙星、培氟沙星、氧氟沙星、诺氟沙星 4 种兽药	农业部公告第 2292 号
2	噬菌蛭弧菌微生态制剂(生物制菌王)	农业部公告第 2294 号
3	喹乙醇、氨苯胂酸、洛克沙胂	农业部公告第 2638 号

表 3　已批准的水产养殖用兽药

(引自农业农村部水产养殖用药明白纸 2022 年 1、2 号,并稍调整)

序号	名称	依据	休药期	序号	名称	依据	休药期
	抗生素			6	盐酸多西环素粉(水产用)*	B	750 度日
1	甲砜霉素粉*	A	500 度日	7	维生素 C 磷酸酯镁盐酸环丙沙星预混剂*	B	500 度日
2	氟苯尼考粉*	A	375 度日	8	盐酸环丙沙星盐酸小檗碱预混剂*	B	500 度日
3	氟苯尼考注射液*	A	375 度日	9	硫酸新霉素粉(水产用)*	B	500 度日
4	氟甲喹粉*	B	175 度日	10	磺胺间甲氧嘧啶钠粉(水产用)*	B	500 度日
5	恩诺沙星粉(水产用)*	B	500 度日	11	复方磺胺嘧啶粉(水产用)*	B	500 度日

续表 3

序号	名称	依据	休药期
12	复方磺胺二甲嘧啶粉(水产用)*	B	500 度日
13	复方磺胺甲噁唑粉(水产用)*	B	500 度日
	驱虫和杀虫药		
14	复方甲苯咪唑粉	A	150 度日
15	甲苯咪唑溶液(水产用)*	B	500 度日
16	地克珠利预混剂(水产用)	B	500 度日
17	阿苯达唑粉(水产用)	B	500 度日
18	吡喹酮预混剂(水产用)	B	500 度日
19	辛硫磷溶液(水产用)*	B	500 度日
20	敌百虫溶液(水产用)*	B	500 度日
21	精制敌百虫粉(水产用)*	B	500 度日
22	盐酸氯苯胍粉(水产用)	B	500 度日
23	氯硝柳胺粉(水产用)	B	500 度日
24	硫酸锌粉(水产用)	B	未规定
25	硫酸锌三氯异氰脲酸粉(水产用)	B	未规定
26	硫酸铜硫酸亚铁粉(水产用)	B	未规定
27	氰戊菊酯溶液(水产用)*	B	500 度日
28	溴氰菊酯溶液(水产用)*	B	500 度日
29	高效氯氰菊酯溶液(水产用)*	B	500 度日
	抗真菌药		
30	复方甲霜灵粉	C2505	240 度日
	消毒剂		
31	三氯异氰脲酸粉	B	未规定

序号	名称	依据	休药期
32	三氯异氰脲酸粉(水产用)	B	未规定
33	浓戊二醛溶液(水产用)	B	未规定
34	稀戊二醛溶液(水产用)	B	未规定
35	戊二醛苯扎溴铵溶液(水产用)	B	未规定
36	次氯酸钠溶液(水产用)	B	未规定
37	过碳酸钠(水产用)	B	未规定
38	过硼酸钠粉(水产用)	B	0 度日
39	过氧化钙粉(水产用)	B	未规定
40	过氧化氢溶液(水产用)	B	未规定
41	含氯石灰(水产用)	B	未规定
42	苯扎溴铵溶液(水产用)	B	未规定
43	癸甲溴铵碘复合溶液	B	未规定
44	高碘酸钠溶液(水产用)	B	未规定
45	蛋氨酸碘粉	B	虾 0 日
46	蛋氨酸碘溶液	B	鱼、虾 0 日
47	硫代硫酸钠粉(水产用)	B	未规定
48	硫酸铝钾粉(水产用)	B	未规定
49	碘附(Ⅰ)	B	未规定
50	复合碘溶液(水产用)	B	未规定
51	溴氯海因粉(水产用)	B	未规定
52	聚维酮碘溶液(Ⅱ)	B	未规定
53	聚维酮碘溶液(水产用)	B	500 度日

续表 3

序号	名称	依据	休药期	序号	名称	依据	休药期
54	复合亚氯酸钠粉	C2236	0 度日	76	龙胆泻肝散(水产用)	B	未规定
55	过硫酸氢钾复合物粉	C2357	未规定	77	加减消黄散(水产用)	B	未规定
中药材和中成药				78	百部贯众散	B	未规定
56	大黄末	A	未规定	79	地锦草末	B	未规定
57	大黄芩鱼散	A	未规定	80	地锦鹤草散	B	未规定
58	虾蟹脱壳促长散	A	未规定	81	芪参散	B	未规定
59	穿梅三黄散	A	未规定	82	驱虫散(水产用)	B	未规定
60	蚌毒灵散	A	未规定	83	苍术香连散(水产用)	B	未规定
61	七味板蓝根散	B	未规定	84	扶正解毒散(水产用)	B	未规定
62	大黄末(水产用)	B	未规定	85	肝胆利康散	B	未规定
63	大黄解毒散	B	未规定	86	连翘解毒散	B	未规定
64	大黄芩蓝散	B	未规定	87	板黄散	B	未规定
65	大黄侧柏叶合剂	B	未规定	88	板蓝根末	B	未规定
66	大黄五倍子散	B	未规定	89	板蓝根大黄散	B	未规定
67	三清散(水产用)	B	未规定	90	青莲散	B	未规定
68	山青五黄散	B	未规定	91	青连白贯散	B	未规定
69	川楝陈皮散	B	未规定	92	青板黄柏散	B	未规定
70	六味地黄散(水产用)	B	未规定	93	苦参末	B	未规定
71	六味黄龙散	B	未规定	94	虎黄合剂	B	未规定
72	双黄白头翁散	B	未规定	95	虾康颗粒	B	未规定
73	双黄苦参散	B	未规定	96	柴黄益肝散	B	未规定
74	五倍子末	B	未规定	97	根莲解毒散	B	未规定
75	石知散(水产用)	B	未规定	98	清健散	B	未规定

续表 3

序号	名称	依据	休药期	序号	名称	依据	休药期
99	清热散(水产用)	B	未规定	114	大菱鲆鳗弧菌基因工程活疫苗(MVAV6203 株)	D158	未规定
100	脱壳促长散	B	未规定	115	鳜传染性脾肾坏死病灭活疫苗(NHO618 株)	D253	未规定
101	黄连解毒散(水产用)	B	未规定		**维生素类**		
102	黄芪多糖粉	B	未规定	116	亚硫酸氢钠甲萘醌粉(水产用)	B	未规定
103	银翘板蓝根散	B	未规定	117	维生素 C 钠粉(水产用)	B	未规定
104	雷丸槟榔散	B	未规定		**激素类**		
105	蒲甘散	B	未规定	118	注射用促黄体素释放激素 A2	B	未规定
106	博落回散	C2374	未规定	119	注射用促黄体素释放激素 A3	B	未规定
107	银黄可溶性粉	C2415	未规定	120	注射用复方鲑鱼促性腺激素释放激素类似物	B	未规定
	生物制品			121	注射用复方绒促性素 A 型(水产用)	B	未规定
108	草鱼出血病灭活疫苗	A	未规定	122	注射用复方绒促性素 B 型(水产用)	B	未规定
109	草鱼出血病活疫苗(GCHV-892 株)	B	未规定	123	注射用绒促性素(Ⅰ)	B	未规定
110	牙鲆鱼溶藻弧菌、鳗弧菌、迟缓爱德华菌病多联抗独特型抗体疫苗	B	未规定	124	鲑鱼促性腺激素释放激素类似物	D520	未规定
111	嗜水气单胞菌败血症灭活疫苗	B	未规定		**其他类**		
112	鱼虹彩病毒病灭活疫苗	C2152	未规定	125	多潘立酮注射液	B	未规定
113	大菱鲆迟钝爱德华氏菌活疫苗(EIBAV1 株)	C2270	未规定	126	盐酸甜菜碱预混剂(水产用)	B	0 度日

说明：

1. 代码解释，A：兽药典 2020 年版，B：兽药质量标准 2017 年版，C：农业部公告，D：农业农村部公告。

2. 休药期中“度日”是指水温与停药天数乘积，如某兽药休药期为 500 度日，当水温 25 摄氏度，至少需停药 20 日以上，即 25 摄氏度×20 日＝500 度日。

3. 水产养殖生产者应依法做好用药记录，使用有休药期规定的兽药必须遵守休药期，购买处方药必须由执业兽医开具处方。

4. 带 * 的兽药，为凭借执业兽医处方可以购买和使用的兽用处方药。

参考文献

[1] 毛洪顺，赵子明，等. 池塘养鱼. 北京：中国农业出版社，2019.

[2] 李家乐，等. 池塘养鱼学. 北京：中国农业出版社，2019.

[3] 曹克驹. 淡水鱼繁殖工培训教材. 北京：金盾出版社，2008.

[4] 刘松岩. 水产动物养殖员培训教程. 北京：中国农业科学技术出版社，2011.

[5] 郜星晨，姜伟，张琪等. 长江宜昌段鳙的繁殖生物学初步研究. 水生态学杂志，2019，40(06)：92-98.

[6] 罗相忠，等. 长丰鲢繁殖生物学研究. 淡水渔业，2021，51(05)：21-27.

[7] 袁圣，等. 鱼病快速诊断与防治彩色图谱. 北京：化学工业出版社，2023.